# 究極の理論で
# 世界を読み解く

## 数学と科学の誕生と混迷の物語

辻　義行

図書新聞

# はじめに──本書の履歴と内容紹介

**本書の履歴**

　著者は先に『算術、数学、そして理論はなぜ〈正しい〉のか』（2014年4月、図書新聞）を著した。その本では私たちが習得し活用している（伝統的な）数学が独立的な原理として成立することを、今日有力な数学の原理である集合論との比較を行いながら検討、確認した。

　しかしながらこの原理は集合論の原理とは全く異なるため、この比較はかみ合わない部分が多く説明が難解になった面もある。そこで、より幅広い読者層に向けて私たち自身の習得したシンプルな数学の思考原理と科学理論の成り立ちを平易に語り進めるために、「物語篇」から始まる本書を出版することにしたのである。

　本書の内容を簡単に紹介しよう。

**今日の理論の原理・理論の哲学での理論の正しさ**

　理論の正しさ、理論の原理については古くからさまざまな説が提唱されてきた。古くから「真理」とされてきた数学については、19世紀に発見された「非ユークリッド幾何学」を契機としてその真理性が否定されて、今日の有力な説は「すべての理論は仮説である」とされている。

**しかし伝統的な数学理論は整合的で世界共通である**

　でも私たちは会話の中で話が通じなくなると、理論的に説明しなおすと通じやすいことを知っている。どのような理論も単なる仮定ならば、理論はなぜこのように共通的に有効なのだろうか。

　本書ではこの「理論の共通了解性の謎」を解明するために、まず、言葉が時代・地域で隔たれた人間社会の中でさまざまに成立したこととは異なり、数値と演算が時代・地域にほとんど関係なくただ一通りに共通的に成

立・普及してきたことに注目して、その理由を思索する。すると、
> 言葉の学習法と数値の学習法には大きな違いはないが、言葉による物の分類とは別に「数値」は物に共通する量的な性質を表わしている。さらに数値と演算は誰もが理解できる整合的な理論系であり、なおかつ実用的でもあるため、広く世界に共通的に普及した。

との見方が得られる。

さらに数値と演算は究極の理論であり、他の理論の原理になり得ると考えると、数学および近代に発展した科学理論について、人間の知的営みとしての理論の成り立ちを明解に説明できるのである。

18世紀ごろまでは「数学は真理である」とみなされてきた。ニュートンは「絶対的」と考えた数学を用いて物体・天体の動きを表した「ニュートン力学」を提唱した。本書の見方も数学の正しさに立ち返って理論の成り立ちを解明しようとするものである。

**本書の理論の見方のもたらすもの**

すでに過去形とされた「数学の正しさ」や今日普及している理論の哲学・数学の基礎を覆す「数学をベースとした理論の見方」は社会的に受け入れ難いかもしれない。しかしながら、本書で解き明かす理論の成り立ちは私たちの学習した数学および合理的な推理法のありのままの姿であり、従来の理論の哲学に比べても決して引けをとらない根拠がある。

さらに本書によると「学習は自発的な意思による。言葉の意味は個性をもつ自己を形成し、自己と他者は理論により理解し合える」との明解な見方が得られる。自発的な意思をもち、言葉と理論の役割を使い分けることのできるのは人の心の働きであり、コンピューターはそれとは全く異次元の存在である。したがってこのことは近年注目されている「人工知能は人に代わり得るか」との問いに対する明確な否定回答となる。

はじめに

**本書の改善点**

　先に説明したとおり本書は「物語篇」から始まるが、これに加えて「詳説篇」についても前著で不十分と思われる説明を補ったり、分かりやすい説明に改めたり、小見出しをこまめに挿入して分かりやすく書き直した。これらの書き換えにより、本書はより広い一般読者の方々に理解しやすくなったものと期待している。

　本書が明らかにする理論と言葉との役割の違いが、読者諸氏にとり「理論とは何か」を考えるヒントとなり、読者諸氏による理論の哲学の掘り下げや理論の活用に役立つならばそれは著者の大きな喜びである。

　　　　　　　　　　　　　　　　　　　2015年4月　著者しるす

# 目次

はじめに──本書の履歴と内容紹介　3
目次　6
読書ガイド　11
主な登場人物　13

## 物語篇

### 第Ⅰ章　数値と演算にもとづく有限数学　19
1　理論の正しさを私たちの習得した数学に求める　19
2　数学の成り立ちについての考察　19
3　有限数学の構成原理　21
4　有限数学をめぐる難問の歴史　33

### 第Ⅱ章　有限数学を拡張した無限数学　38
1　無限値の規定と極限値の厳密化　38
2　「極限の値」と無限数列どうしの演算「極限演算型」　39
3　無限数列長さの有限と無限　41
4　実数の性質、無限個概念、および無限数学のまとめ　42
5　無限をめぐる謎を解き明かす　42

### 第Ⅲ章　無限数学を図形、座標、時空間へ拡張した本数学　43
1　数値と図形に関する理論の起源とその数学的性質　43
2　無限数学から図形数学へ　44
3　図形数学によるユークリッド『原論』の解釈　45

目　次

4　時空間の原理としての四元数の理論　48


第Ⅳ章　本数学を拡張した科学理論　52
1　本数学を拡張した理論　53
2　本数学を拡張したニュートン力学　53
3　本数学を拡張した確率論とその応用理論　55
4　相対性理論　57
5　本数学にもとづくさまざまな科学理論　59
6　従来の科学論と「本数学を拡張した理論」との比較　61
7　言葉、文章にもとづく従来の理論の原理──カテゴリー論、論理学　62
8　個人的な言葉の成り立ちとその理論との関係　63
9　まとめ──科学と非科学、人間と人工知能の違い　64


第Ⅴ章　他の原理との比較　65


# 詳説篇

第Ⅰ章　数値と演算にもとづく有限数学　71
1　理論の正しさを私たちの習得した数学に求める　71
2　数学の成り立ちについての考察　73
　2．1　類似した言葉と数値の学習法　73
　2．2　言葉の多様性　74
　2．3　数値と演算の共通性・整合性・正しさ　75
3　有限数学の構成原理　76
　3．1　数学の学習法からその原理を推定する　76
　3．2　有限数学の理論域の検討　78

3．3　数値と演算の構成原理　84

　3．4　数学的推理と論理推論規則　92

　3．5　整合的な理論の選択的構成　95

　3．6　背理法と得られた理論の理論域　99

　3．7　有限数学で構成される理論の多様性　103

4　有限数学をめぐる難問の歴史　106

　4．1　数の不可思議な性質　106

　4．2　理論が限りなくつづくゆえの難問　108


第Ⅱ章　有限数学を拡張した無限数学　113

1　無限値の規定と極限値の厳密化　113

2　「極限の値」と無限数列どうしの演算「極限演算型」　116

3　無限数列長さの有限と無限　120

4　実数の性質、無限個概念、および無限数学のまとめ　123

5　無限をめぐる謎を解き明かす　126


第Ⅲ章　無限数学を図形、座標、時空間へ拡張した本数学　131

1　数値と図形に関する理論の起源とその数学的性質　131

2　無限数学から図形数学へ　134

3　図形数学によるユークリッド『原論』の解釈　138

　3．1　図形数学と『原論』との比較　138

　3．2　平行線公理と非ユークリッド幾何学　142

4　時空間の原理としての四元数の理論　146

　4．1　時間の概念と時間軸となる数直線　146

　4．2　四元数の理論の発見　148

　4．3　四元数の虚数軸による3次元空間と運動　153

4．4　四元数の理論の衰退と復活そして本数学の成立　156

**第Ⅳ章　本数学を拡張した科学理論**　159
**1　本数学を拡張した科学**　159
**2　本数学を拡張したニュートン力学**　163
**3　本数学を拡張した確率論とその応用理論**　172
　　3．1　確率論　172
　　3．2　確率論と熱力学　179
　　3．3　量子論　183
**4　相対性理論**　183
　　4．1　相対性理論とその前提理論　183
　　4．2　根底にある数学的時空間　188
　　4．3　本数学を拡張した理論としての相対性理論とは　191
　　4．4　一般相対性理論　192
**5　さまざまな科学理論**　194
　　5．1　原子論、素粒子論　194
　　5．2　宇宙論　196
　　5．3　科学理論と言葉の関係　198
**6　従来の科学論と「本数学を拡張した理論」との比較**　200
**7　言葉、文章にもとづく従来の理論の原理──カテゴリー論、論理学**　203
**8　個人的な言葉の成り立ちとその理論との関係**　207
**9　まとめ──科学と非科学、人間と人工知能の違い**　211

**第Ⅴ章　他の原理との比較**　215
**1　「カテゴリー論」「論理学」の系譜との比較**　215
**2　「公理系」の系譜との比較**　218

- 3　実数論と集合論の始まり　221
  - 3．1　実数の不可解な性質　221
  - 3．2　ワイエルシュトラスらの実数論　221
  - 3．3　デーデキントの実数論　222
  - 3．4　カントールの実数論　223
- 4　カントール超限集合論との比較　224
  - 4．1　カントール超限集合論　224
  - 4．2　非可算無限の証明とその有限数学による解釈　228
    - 4．2．1　構成的実数列　228
    - 4．2．2　区間縮小法による超越数の存在証明とその解釈　229
    - 4．2．3　対角線論法による非可算無限の証明とその解釈　234
  - 4．3　パラドックス、数学基礎論論争とその解釈　238
  - 4．4　公理的集合論　241
  - 4．5　集合論による伝統的な数学理論の解釈　242
  - 4．6　集合論が生んだ理論の本数学との比較　244
    - 4．6．1　二つの原理の比較の方法　244
    - 4．6．2　「不完全性定理」の解釈　245
    - 4．6．3　「再帰理論」とその解釈　246
  - 4．7　集合論との比較のまとめ　248
- 5　計算可能性理論の原理とその解釈　248
- 6　どの原理が正しいか　250

**理論の歴史年表**　251

**用語解説**　263

**文献リスト**　273

**索引**　277

# 読書ガイド

**おことわり**

　本書を読んでみて、読者諸氏が本書は西洋の理論の哲学・思想を名指しで批判していると受け取ったとすればそれは誤解である。

　本書の解き明かす数学および理論の原理は「第一原理」つまり「それ自体は他の理論に依存せず、他の理論がそれに由来するような始まりとなる理論」である。それにもかかわらず、今日いくつかの第一原理についての西洋の哲学・思想が知られている。そこで、本書の原理が独善的ではないことを読者に理解していただくために、これらの西洋の哲学・思想を比較の対象としてとり上げたまでである。

　本来ならば他の文化圏の関連する思想とも比較するべきなのだが、それは調査困難で著者の手に余る。でも仮に調査できたとしても、それはやはり固有の文化の伝統・規範・社会制度の影響を受けたもので、本書の原理とは多かれ少なかれ異なるだろうとの見当はつく。

　日本は伝統的な思想・和算・「ものの道理」を育んできたものの、明治期になって圧倒的に優位な西洋の哲学・数学・科学などをほとんど無条件に受け入れた。西洋伝来の思想を学び認めた上でここからさらに一歩踏み出して、西洋思想の規範にとらわれずに私たちの理論的な思考法のありのままの姿を解き明かすのが本書の目的である。

**「物語篇」について**

　私たちは理論の原理や細部までを正確に知らなくても、物事を理論的に考えることができる。この理論の不思議な性質は、シンプルな理論の原理がすでに私たちの身に沁みついていて、私たちは知らず知らずのうちにこれにもとづいて思考しているからだろう。このような理論の性質に沿って、

私たちの体験した理論の学習から理論の成り立ちを分かりやすく語ったのが「物語篇」である。読者諸氏はこれにより自身が知らず知らずのうちに習得して用いている理論的な思考法の正体を知ることができると思う。

　ただし、この物語篇は基本を語ってはいるが「あらすじ」であり、細部までの説明や歴史的に蓄積されてきた他の理論との比較が少ない。読者におかれても、もし物語篇の説明に疑問を感じたならば、「詳説篇」の各章の該当する部分をさらに読んでいただきたい。このような読み方が容易にできるように大部分の物語篇の章、節は詳説篇に合わせて細分した。

### 「第Ⅴ章」での他の原理との比較

　第Ⅴ章では、今日有力とされている理論の原理について改めて比較した。また本書が解明した原理と数学分野で競合する集合論については特に重点的に説明、比較した。

　なお第Ⅴ章での他の原理との比較説明は著者の一存によっている。読者諸氏が他の原理を知るまっとうな方法は「文献リスト」にあげた原典などを直接読むことであることはいうまでもない。

### 「主な理論の歴史年表」および「用語の解説」

　本書が解明した原理にもとづくと、従来の理論・用語・概念に対する解釈の違いは広範囲におよぶが、物語篇と詳説篇では検討の筋書きを重視して必要最低限の事例についてのみ解釈の違いの説明をおこなった。

　これを補い、歴史上の主要な理論に対する解釈がどのようになるかを比較説明するために、「主な理論の歴史年表」と「用語解説」を詳説篇の後に添付した。その後の「文献リスト」「索引」とともに活用していただきたい。

読書ガイド

# 主な登場人物と理論（生誕順）

**アリストテレス**（Aristotle 紀元前 384-322）ギリシャの哲学者。『カテゴリー論』により分類にもとづいた当時の理論の哲学を集大成した。ものの動きについては速度ではなく静止と動きの二つの状態に分類した。17 世紀以降、彼の理論の多くは観察の結果を記述した科学理論に置き換わった。

　アリストテレスに始まった「言葉の理論としての論理学」は今日までつづいているが、本書によると、論理推論規則は数学に由来した規則と考えることができる。この見方によると、複雑多岐にわたる「言葉の世界」からシンプルで共通的な「数学にもとづく（科学）理論」を明確に区別することができる。

**ユークリッド**（Euclid 紀元前 300 ごろ）アレクサンドリアの数学者。当時の幾何学・数学を集大成して『ユークリッド原論』を著した。その理論は「公理系」といわれている図形の要素である「点」や「直線」などの定義から始まる。有名な「平行線公理」は無限概念を含んでおり、後に非ユークリッド幾何学が発見される契機となった。『原論』の成立の背景は謎に包まれている。

　本書が解明する数学によると、幾何学も本数学の理論として得られる。

**ガリレオ-ガリレイ**（Galilei, Galileo 1564-1642）イタリアの科学者。地動説を支持して自宅謹慎を命ぜられた。その間に著した『新科学対話』には、1 対 1 対応による「無限」の考察、「速度」を用いた物の動きの科学的な説明などが遺されている。

**アイザック-ニュートン**（Newton, Isaac 1642-1727）英国の科学者。

1687年に初めて数学で物体・天体の動きを表した力学書『プリンシピア』を著した。その力学法則を求める過程で微分積分学を創案したことで、ニュートンは数学者ともいわれている。長じて造幣局長官として腕を振るいながら錬金術に傾倒した。

　ニュートンの運動法則は座標を用いて数式で表される。ニュートンは法則を天体に適用しようとしてその座標の原点を宇宙に固定しようとしたが成功していない。本書によると、失敗の原因は「座標は数学理論だがその位置づけは数学理論では不可能である」ためだと分かる。

**イマニュエル-カント**（Kant, Immanuel 1724-1804）ドイツの哲学者。カントはそれまでの哲学とは異なり、人間本来の認識能力の分析となる『純粋理性批判』を著した。

　しかし、本書が解き明かす数学の習得原理によると、人間の認識能力を彼のいう先験的なものと経験的なものとに分ける必要はない。この点でカントの理論は科学的とはいえない。

**ウィリアム-ハミルトン**（Hamilton, William Rowan 1805-1865）アイルランドの数学者。13歳で13ヵ国語を話したといわれる天才児。さまざまな業績の中でも四元数の発見は特筆に値する。しかし彼の努力にもかかわらず、その時空間概念としての意義はほとんど認められなかった。

　本書によると、時間と3次元空間からなる数学的時空間の背後には幾何学と四元数の理論があり、その理論構造はシンプルだから直感的・経験的となる。

**リヒャルト-デーデキント**（Dedekind, Richard 1831-1916）ドイツの数学者。連続量を表す実数の値を確定させる理論として、「無限個の実数が分布して存在する数直線」を用いて、「数直線の2分割によっ

て切断点の実数がどちらか一方に属する」との理論を提唱した。カントールとともに集合論の基礎を築いた。

　本書によると、数は数の理論の一部であり、数には実体がなく数直線上の位置を表す数値にすぎないため、数直線上に無限個の実数が存在するわけではない。こう考えるとデーデキントの理論は成立しない。

**ゲオルク-カントール**（Cantor, Georg 1845-1918）ドイツを拠点とした数学者。「超限集合論」を提唱した。彼の理論は「無限を理論づける」、「論理学と数学を統合する」との当時の一つの夢を具現化した。

　しかし本書によると、それはデーデキントの理論と同様に、伝統的な数学から逸脱した新たな理論の創造である。本書の数学によると、「無限個の数の集合」の内部構造は理論づけられない。

**アンリ-ポアンカレ**（Poincaré, Henri 1854-1912）　フランスの数学・科学者。実証的な立場から集合論に反対したが敗北した。多くの科学エッセーを著したが、そこに「いつの日か人々は集合論という疫病にとりつかれていたと気づく日がやってくるだろう」と書き遺した。ヒルベルトより長生きしていれば、数学の歴史は変わっていたかもしれない。

**ダフィット-ヒルベルト**（Hilbert, David 1862-1943）ドイツの数学者。非ユークリッド幾何学の発見に触発されて「数学・論理学の原理は無前提の仮定である公理系である」との「公理論」を提唱した。

　本書によると、私たちの習得した数学は本来的に「矛盾」や「歪」のない理論として成立している。そして、その矛盾や歪のない理論にもとづくことで「矛盾」や「歪」を理論づけることができる。もちろん、集合論のように「無限集合」に依拠したものでもない。

**アルベルト-アインシュタイン**（Einstain, Albert 1879-1955）　ドイツの

物理学者。スイスの特許庁に勤務のかたわら「時計すなわち物理的な時間の進み方および剛体の長さは、相対的な速度、加速度の影響を受ける」との「相対性理論」を発表した。

　しかし、非ユークリッド幾何学が注目された時代背景もあってか、シンプルで直感的・経験的な数学的時空間は軽視され、光が時空間をつかさどるとされた。これが今日の物理学・理論の哲学にも影響している。

**クルト-ゲーデル**（Gëdel, Kurt 1906-1978）ウイーン、後に米国を拠点とした数学・論理学者。ヒルベルトの「公理系の必要条件は公理系から矛盾が生じないことである」との公理論を受けて、1930年に「公理系が無矛盾であるとは証明できない」との有名な「不完全性定理」を発表した。不完全性定理は集合論に含まれる言葉の矛盾である「パラドックス」を利用して証明されている。

　本書によると、私たちの習得した数学は数の理論に限られているため、パラドックスを生じることはなく、この証明の適用外となる。

**私たち**　数学の初歩と理論的な思考法を習得した私たち。著者もその1人。今日の通説となっている理論の原理に疑問をいだき、私たちの習得した数学の思考原理を解明して、これにもとづいて関連する歴史的理論群ならびに私たちの世界を読み解く。

# 物語篇

第Ⅰ章　数値と演算にもとづく有限数学

第Ⅱ章　有限数学を拡張した無限数学

第Ⅲ章　無限数学を図形、座標、時空間へ拡張した本数学

第Ⅳ章　本数学を拡張した科学理論

第Ⅴ章　他の原理との比較

# 第Ⅰ章　数値と演算にもとづく有限数学

## 1　理論の正しさを私たちの習得した数学に求める

　私たちは理論に接すると、程度の差はあっても多くの人が「正しい」と信じる理論を共有することができる。中でも数の計算の正解と不正解は明らかに区別できると信じている。「1＋1＝2は正しい」、そう答えなければ学校を卒業できなかったはずだ。

　ところが、1＋1＝2が正しい理由を数学者、哲学者に質問しても「ウゥ〜〜ン、1＋1＝2は仮説だ。そこから矛盾が生じなければ一応正しいのだが……」程度の答えしかいただけない。今日の理論の哲学・理論の原理では「理論とは単なる仮定である」とされており、今日の数学と論理学の原理についても単なる仮定である「公理」にもとづき理論が成り立つ「集合論」とされているからだ。しかし、集合論には『思考の迷路』と題する分厚い本があるほど難解である。

　このままでは、初歩の数学や科学のように共通的に理解できて普及してきた理論は正しいのではないか、との私たちの疑問に答えることはできない。そこで本書では、この理論の正しさの謎を私たちが「絶対に正しい究極の理論だ」と内心は思っている初歩の数学から解き明かしてゆきたい。

## 2　数学の成り立ちについての考察

**類似した言葉と数値の学習法**

　まずは、私たちの言葉と数値の教え方を、記憶に自信のある方は教わり

方も思い起こしてほしい。

りんごやみかんなどを示しながら「りんご」「みかん」と繰り返し教える。「果物」とも教える。一方「いち、に、さん、……」とも教える。繰り返し学習により繰り返し示された物などに共通する性質として、一般的な言葉の意味も数値の意味も教え教わった。言葉も数値も双方の学習法には大きな違いはない。ところが言葉の性質と数値の性質は大きく異なる。

**言葉の多様性**

言語には世界に数えきれないほどの種類がある。これは言語が時代・地域で隔てられたさまざまな社会で別々に成立して、全体が統一されることもなく時代による変化もそれぞれに加わってきた結果だろう。

さらに会話をするとすぐにわかるが、「正義」という使い古された言葉一つをとっても、人によって言葉から個人が連想するさまざまな他の言葉、理論や概念、経験（これを意味という）が完全には一致していない。

**数値と演算の共通性・整合性・正しさ**

一方数値と演算の意味はただ一通りで世界に共通しているように思われる。友達との間で「正義」とは何かで言い争っても、哲学者はともかくとして、「１／２＋１／２＝１」が正しいか否かや「偶数」とは何かで言い争ったりはしない。

これは「正義」「みかん」「りんご」などの言葉は通常認識の対象を区分して「同類・同類の集まり」を指し示すのに対して、数値は言葉で定まる「類」とは関係なく、対象が共通的にもつ量的な性質を表わすからだろう。また「正義」という言葉は量的というよりも質的な意味あいが大きいため、個人のいだく意味も異なってくるのだろう。

これが言語や個人には関係なく、数値の意味がただ一通りで共通的である理由だろう。この理由により、数値の演算や数値に関連した理論と思われる数学もただ一通りで共通的に理解できると思われる。

なおかつ数値と演算、数学は次々と整合的な数値に関する理論を生み出す。これが実用的であり、さらに知的好奇心を満たすために世界共通に普及したのだろう。そしてこのような性質をもつ数値と演算、数学だからこそ私たちはそれが正しいとの信念をいだくのだろう。

数学の正しさについて少し霧が晴れてきた。しかしまだまだ謎はつづく。

## 3　有限数学の構成原理

### 3.1　数学の学習法にもとづく有限数学の構成

**理論は記述できて初めて学問となる**

私たちは数値と演算、数学的推理法などをすでに学習して用いている。このことから「なぜいまさらそれを原理として取り出す必要があるのか」との疑問も生じるだろう。しかし、学問の基本は、関心の対象について私たちが共有できるようにそれを正確・簡潔に記述することだろう。もしその内容が膨大であれば原理的な部分を取り出して記述する必要があるだろう。

私たちの習得した数値と演算、数学の原理の原理が今日まで明示されてこなかった理由として、原理の記述の試みがあったとしてもそれは、矛盾が生じないとは証明できない、などの理由で否定されてきたと推測される。既存の原理の規範に合わないと見られてきたからと推測できるのだ。

**数学の構造の推定**

私たちが学習した数学をよく考えると、数学とは数値と演算により得られる「数値の関係」について、数学的推理をさまざまに働かせて得られる「数値の関係についての理論」だと推定される。

さらに私たちが数値の演算や数学理論を思考する際には、計算間違いなどの数値の関係の不整合（矛盾）の発生の防止に注意していることに気が

つけば、次のような数学理論の構成法が見えてくるだろう。

  数学は数値と演算に関する整合的な理論である。新たな理論は目的とする理論の成立に向けたさまざまな理論的な試行錯誤を経て、数値と演算に整合する理論を選択して得られる。

 私たちの学んだ伝統的な数学では、この方法により幾重にも連なった理論の最後に至るまで整合性を保ちながら目的にかなった理論が得られるのだろう。

 このことから、数学の原理とは、
  ⅰ 数値の演算の構成法。
  ⅱ 数値の演算にもとづいて目的とする新たな整合的な数値の関係を得る推理の方法。
だろうと推測される。

## 3.2 数学の理論域の検討

**数学の理論域とその内部、外部**

 私たちの習得した数学理論はただ一通りに共通的に解釈できる。それはこの数学が純粋に数値と演算に関係した理論に限られているからだろう。仮に数学の範囲が不明確だとすると、数学を含むさまざまな理論が数学理論とみなされて数学理論がどこまでも拡がり、数学がただ一通りでも共通的でもなくなり、人々が数学を共有できなくなる。

 そこでただ一通りで共通的な解釈が得られる数学の理論の範囲を「(数学の) 理論域」ということにする。そして数学理論と数学理論になり得る理論を「(数学の) 内部の理論」、その他一切の理論・概念を「(数学の) 外部の理論・概念」と区分することにする。これによると通常の言葉・文章の大部分は数学の外部の理論・概念ということになる。

## 得られる見込みの数学の名称

この共通的な数学理論には数値と演算の原理に段階的に原理を少しずつ追加して拡張して到達することができるだろう。この各段階に対応する数学理論をあらかじめ次のように名づけておく。

| 理論名 | 理論の略称 | 理論の内容 |
|---|---|---|
| 数値と演算 | 算術 | 記数法を除いた算術の理論。 |
| 有限値の数学 | 有限数学 | 共通的で伝統的な有限値に限られた数学。 |
| 無限値の数学 | 無限数学 | 有限数学に無限値と極限演算を加えた数学。 |
| 図形、座標の数学 | 図形数学 | 無限数学に図形と3次元空間座標の理論を加えた数学。 |
| 本数学 | 本数学 | 図形数学の空間座標に時間軸を加えた数学。私たちが習得した本書の解明目標とする数学。 |

表に書かれた理論の内容は都度検討してゆく。「○○数学」に対応した原理は「○○数学の原理」と表すことにする。少々面倒だが数学理論を正確に構成してゆく上でこのような命名は役立つものだ。

## 有限数学の理論域

では具体的な理論と理論域との関係を検討する。

まず「数値と演算から得られる有限数学」とは「有限値についての数学」だと想定して有限数学の原理を考えてゆく。数学史上の出来事との関係は別途考察することにして、そう考えると以下の検討をスムーズに進めることができる。

数値を含む理論・概念であってもたとえば「7は幸運をもたらす数だ」という見方については、

・「幸運」は数値と演算にもとづく理論・概念ではない。

・この理論を他の数学の理論と関連付けることは困難だ。

・「7は不吉な数だ」と考える社会がないとはいえず、これは共通

的な理論ではない。

と考えられるため、数学外部の理論だ。

**数学の理論であっても原理ではない記数法**

数値の表し方（記数法という）は、一、二、三、…、ⅰ、ⅱ、ⅲ、…、1、2、3、…、1／3、0.333…、などいろいろな方法が可能だから、記数法は数学の共通部分となる原理ではなく数学理論によって得られる個別的な理論と考える。算術には通常記数法が含まれるため、先の表の理論の略称「算術」は正確さよりも概念的な分かりやすさを優先して用いたものだ。

**言葉によって記述可能な数学理論**

「数学の理論域」という概念によると、「数学外部の言葉で数学やその原理が記述可能か」という疑問が生じるが、これは次のように可能だ。

どのような文章、式、記号などであっても、その記述の意味は記述から想起される私たち自身のさまざまな経験や記述されたものの記憶にもとづいて定まる（詳しくは第Ⅳ章8節を参照のこと）。これと同様に数学理論の記述から数学理論を読み取るのは数学理論を学習した私たち自身の役割だ。

私たちは物や言葉を用いた説明の中から、説明の方法には影響されない数学理論をたとえ無意識的・概念的であったとしても選択的に学習した。このような私たちは記述された数学理論の原理を読み進むにつれて、記述に用いられた数字、記号などに学習したとおりの数値や演算などの原理的な理論が割り当てられて構成されてゆくことを確認できるだろう。

記述された数学理論が人々の間でただ一通りに得られて共通的なことは、この記述を読む人や、この記述の形式や方法である言語、記号、説明の順序などが変わったとしても、記述が適切で読む人が理解可能であれば、個人ごとに確認される意味はただ一通りで共通的だと考え得ることで確認できる。

第Ⅰ章　数値と演算にもとづく有限数学

　幸いにして数学には万国共通の書式があるので、原理の記述にはこの書式と日本語を使用することにする。記数法はアラビア数字 0、1、2、…、を用いる。

**ただ整合的につながる数学の理論**

　私たちは子供に数の計算を教えるときによく $1 + 1 = 2$ から教え始める。しかし、いざ理論の原理の記述を $1 + 1 = 2$ から始めると、「1 や + はどのようにして得られるのか」との疑問が生じる。この疑問に応じて 1 や + の原理を記述しようとすると、他の数値や演算法が必要となり出口のない循環論法に陥る。これは「悪循環」といって何も決まらない形だ。

　また、理論 A を理論づけるために、理論 A から導かれた理論を用いることを「論点先取の虚偽」といって避けるべき理論の形とされている。これも $1 + 1 = 2$ を原理とみなして数値と演算を理論づけようとすると生じる形だ。

　しかし私たちは、「シンプルに $1 + 1 = 2$ から始めるとどこまでも整合的な数値の理論が構成できるから、$1 + 1 = 2$ から教えよう」と考えて子供たちに算術を教えただろう。この考え方は単に悪循環や論点先取の虚偽の回避の方法にとどまらず、私たちの心に潜在する数値とその演算の原理、正しさをいい表している。

　演算は逆算可能だ。また、数学には「偶数ならば整数だ」というような 1 方向性の理論があるが、これは「偶数は整数の値域に含まれている」との値域の大小関係の一つの解釈にすぎない。偶数についての理論であっても、いつでも奇数を加えて整数の理論に戻すことができる。数学理論はただ整合的に双方向的につながっている。

　数学の証明も 1 方向的だが、これは整合的につながる証明理論を私たちは順々にたどってゆくために、方向性があると錯覚しているのだ。それが証拠に、出発理論も証明された定理も互いに整合的だ。

## 本原理とは異なる哲学・思想

理論の原理についての過去の西洋哲学・思想を調べてみると、本原理とは全く異なる次のような理論の原理に関する哲学・思想が見つかる。

　　i　論点先取の虚偽および悪循環は無効となる論理である。
　　ii　理論は言葉とは異なり、私たちに先験的に備わった能力により得られる。
　　iii　言葉によって言葉を超えた理論は記述できない。
　　iv　無限は絶対的である。
　　v　数学の原理である公理は各々が無前提の仮定である。
　　vi　理論や実数は時間概念と不可分である。

人々は「理論の原理は絶対的でなければならない」、「理論の原理はシンプルに言葉で記述できなければならない」などの困難な条件を理論に課しながら、このような常識では理解し難い原理の規範群を生み出してきたのだろう。

## 従来の哲学・思想に拘束されない数学の原理

先に数学理論が数と演算を原理とすること、言葉で表せること、数学理論には因果関係は必要ないことを確認した。これによると数学の原理は上のi〜viの規範には拘束されないことになる。

過去に数学の原理が記述できなかった大きな原因はi〜viの規範だったのだろう。極端にいえば、数学理論の構成法、解釈法をすでに知っている読者の方々はもうその原理を読む必要はないともいえる。理論の仔細にこだわらない方は３.３〜３.７節を飛ばしてもかまわない。そうではない方は頭の体操のつもりで数学の原理を検討してゆこう。

## 3.3　数値と演算の構成原理

原理1　1は数値であり、数値のなかでも個数・順序の単位である。

原理2　1対の数値に一意的に一つの解が対応する加算、＋を次のように定める。
- $1 + 1 = 2$
- ある数値に1を加算した解は元の数値より大きい。
- 解もまた加算可能な数値である。

　　　（説明）原理2を繰り返し適用すると、$1 + 1 = 2$、$2 + 1 = 3$、$3 + 1 = 4$、…、が順次定まる。また$1 < 2$、$2 < 3$、$3 < 4$、…である。不特定の数を$a$と表すと、この関係は$a < a + 1$と表せる。

原理3　ある数値を$a$と表す。$a - a = 0$により0および減算－を定める。

原理4　$0 - a = -a$と定める。

原理5　（0に）$a$を$b$回加える演算を、乗算$a \times b = c$と定める。

原理6　1を$d$等分する除算を$1 / d = e$、ただし$d = 0$は除く、と定める。

　以上の理論全体が数値と四則計算を構成する一系の原理となる。詳しい検討は詳説篇にゆずる。読者においては以上の原理によると望む整数または分数の値が演算の繰り返しで得られることを確認できるだろう。

　演算により数値がどこまでもつながってゆく性質は原理2による。原理2によると、

　　$n$が数値ならば、$n + 1$も数値である。

との限りなく繰り返し可能で限りなく大きい数値の得られる理論が生まれる。この限りなく循環可能な理論は「再帰的論理」といわれており、これが無限概念に結びつくのだ。

小数とか無理数とかは原理ではなくこの後の数学の理論として得られる。詳説篇では10進数のアラビア数字を用いた記数法も説明する。

**数値と演算を数学の原理と考える理由**

　原理3以降について、原理1～2から定義などで得られるため、原理ではなく理論と考えることもできるが、ここでは四則演算法のすべてを原理とみなす。これは3．2の予察にもとづいたものだが、さらにこれは四則演算法にもとづいて数の概念が整数、分数、0、負数、そして虚数と拡張されてきた数の歴史を踏まえたものだ。

　今日では笑い話のようだが、個数や長さとは考えにくい0や負の数値を異端の数として使用を禁ずる規範が16世紀ごろまで西洋の一部にはあったという。数は身近にありながら奥深い理論が得られるため、古くから数は実体的に考えられたり、さまざまな神秘的な概念に結びつけられたりして数学に影響を及ぼしてきた。

　ここでは省略するが、原理7として四則演算法にもとづいて発見された虚数および四元数といわれる数概念もある（内容は詳説篇参照）。

　正確にいえば算術には数値と四則演算法に加えて記数法が必要だ。また算術の理論にも数学的な推理法が必要だ。算術、有限数学、無限数学、本数学の区別は数学の成立過程を理解するための便宜であり、私たちの数学的思考法の中ではこの全体が渾然一体的に成立していることを順次解明してゆく。

## 3．4　数学的な推理と論理推論規則

**推理の道筋**

　私たちは「証明」を追いかけながらそれが整合的に「定理」へつながる道筋であることを理解できる。また学校で試験問題を解いたように、ある

定理について、既知の理論からその定理へ整合的につながる推理の道筋を試行錯誤を重ねながら見出すことができる。

このような数学的な推理の道筋は「論理推論規則」といわれるいくつかの要素を用いて構成できるが、実はこの要素は数と演算の関係から得ることもできる。その詳細は詳説篇で検討する。

**理論の基本である定義の方法**

前述の原理２において、一つとは限らない数値を「ある数値」と考えてこれを$a$とおいて演算を説明したが、この方法は「定義」といわれており、一般的にある理論をある用語におきかえる方法で、たとえば「２で割り切れる数」を「偶数と定義する」などと用いられる。

**数学的推理に含まれる推論規則**

特に二つ以上の定義・理論を整合的に関係づける規則は推論規則といわれている。

推論規則は演算で得られる数値の関係と整合的だ（たとえば「($a$ならば$b$）かつ（$b$ならば$c$）ならば($a$ならば$c$）」は、「$a<b$かつ$b<c$ならば$a<c$」と整合的で、「推移律」「三段論法」といわれている）。

**解説──論理学と論理推論規則**

言葉においても、「りんご、みかん類」に対して「くだものという」など、定義の方法は言葉どうしも関係づけている。ところが言葉の意味はただ一通りでも共通的でもないため、言葉による定義は通常内容が確定せず概念的となる。

元をただすと「論理学、論理（logic）」は古代ギリシャの哲学者アリストテレスの著した『論理学』以来言葉の構造の理論としてつづいてきた。論理推論規則もその中で論じられた。複雑な言葉の成り立ちのせいだろう、言葉ベースの論理学は数学に比べるとはるかに多面的で複雑な理論となって発展してきた。

物語篇

　このような論理学から見るとこの物語は本末転倒しているが、この物語では数学においてこそ論理推論規則が正確で確定的に用いられていることを明らかにしてゆく。本書ではこれを「数学的推理法」という。

## 3.5　整合的な理論の選択的構成

　数値と四則演算により構成される数値の理論に論理推論規則を組み合わせると、試行錯誤的にさまざまな理論・概念が得られるが、それらが整合的で目的に合った理論とは限らない。たとえば「1＋2は2＋3である」は誤りだ。また整合的であってもたとえば「1＋2は1＋2である」のように意味をほとんど見いだせない理論もある。そこから整合的で目的に合った理論を選択したものが数学の理論だ。この選択法が数学理論の構成法の肝の部分だろう。ここでは選択法の概要を説明して、詳細は詳説篇にゆずる。

　「否定」は理論を複雑にする。算術を肯定する理論は数学の理論だ。算術を否定する理論は数学の理論ではないが、2重否定すると再び数学理論となる。これを「帰還の理論」ということにする。

　さらに、否定によると数学の理論域を広げることもできる。たとえば算術には含まれない計算間違い1＋2＝4は数学の理論ではないが、「1＋2＝4は誤りだ」とすると数学の理論となる。これは数学と矛盾する元の理論を数学に依存して数学理論にしていることから「（数学）依存の理論」ということにする。

　非数学の理論は否定によるとすべて依存の理論となるが、数値の関係以外に言及したものは数学外部の理論・概念とする。すると「7は幸運の数字だ」も「7は幸運の数字ではない」も数学外部の理論となる。

　伝統的な数学の理論も大枠として以上の選択基準が守られてきたが、こ

の選択基準が明示的ではなかったために算術からは得られない一部の理論・概念が含まれることになった。第V章では、このような理論「自然数全体は可算無限である」などがカントールによる非可算無限の証明および集合論へとつながったことを説明する。

## 3.6 背理法と得られた理論の理論域

算術には否定形がないため、「算術を否定する理論は誤りだ」との証明を厳格に考えると背理法が必要となる。たとえば $1 + 1 \neq 2$ を否定する理論の証明は次となる。

$1 + 1 \neq 2$ と仮定する。するとこれは算術 $1 + 1 = 2$ と矛盾する。ゆえに $1 + 1 \neq 2$ は誤りである。

有限値は限りなく大きい数値を定め得るが、このような背理法によると

$a$ を最大値と仮定する。ところが $a + 1$ は $a$ より大きい値となり、この仮定と矛盾する。ゆえに有限値の最大値は定められない。

との否定形の理論が得られる。同様に「分数では無理数は表わせない」との理論（証明は詳説篇を参照）も得られるが、気をつけたい点は、証明には通常有限値に対して有効な演算が用いられているため、これらの理論は有限値の数に対して有効な理論だということだ。これは第II章の無限数学に関係してくる。

## 3.7 数学で構成される理論の多様性

### 数学の基本にある＝の関係

数学の演算は＝の関係を作り出す。定義についても定義の対象が明確なことから、対象の一部に対する定義であっても定義から漏れた対象は明確

で、これを含めて考えると定義は＝の関係を保った分類と同等だ。このように数学の理論は基本的にシンプルに＝で結ばれているために、「数学の理論すべては整合的で正しい」との判断、信念に結びつくのだろう。ちなみに、言葉を対象とした論理学ではＡ＝Ａの同値関係は「同語反復」といい、そこから意味を見出し難い。

### 理論どうしの比較

　数学の理論はさまざまな数値・値域を定めるため、同等ではない数値・値域を比較することもできる。数値の大小の比較は $a > b$ などと表す。値域が違う理論・定義の例として２の倍数と４の倍数がある。「４の倍数は２の倍数だ」といえるが「２の倍数は４の倍数だ」とはいえない。この関係は「$a$ ならば $b$」といい、$a \rightarrow b$ または $a \subset b$ と表される。数値・値域を定める理論を縦糸とするならば、この理論は横糸で「比較の理論」といえるだろう。比較の理論も単なる整合的な関係であり、因果関係は必要としない。

### 数学の理論の構造の特徴

　以上の数学理論は次のように高度にシンプルで整合的な一系の理論だといえる。

　　　　数値と演算の原理と、これと整合的な数学的推理の方法によって数学の原理が構成されて、これによると数学の数値と演算に整合的な理論がどこまでも構成される。

### 数学の原理８

　以上の数学理論の構成法を原理として簡潔にいい表すとすれば、
　原理８　数値と演算に関する理論を構成する数学的推理法。
　ということになる。原理８を細かく見れば数学理論を構成する論理推論規則とその用法を規制する本章３．５節の整合的な理論の選択方法だ。これで（有限）数学の原理が揃った。なお、数学理論を構成するためにはそ

の目的も重要だ。1＋2＝1＋2という理論は必要ないのだから。
**究極の理論**
　ここまでの考察で分かったことは、数学は神や天才が創造したものではなく、広い時代・地域にまたがった多くの社会の人々の知的好奇心によって、ただ一通りの共有可能な理論として成立したということだ。
　さらに大きくいえば、数学とはこれを学ぶ好奇心をもつ知的生命と教材となる個数を数えることのできる物や長さを測る棒などがあれば、宇宙のどこにあってもただ一通りに得られて共有可能な究極の理論だといえる。
　ただし伝統的で共通的な有限数学には歴史上いくつかの難問が指摘されていた。これについて説明しよう。

## 4　有限数学をめぐる難問の歴史

### 4.1　数の不可思議な性質

**アルキメデスの公理**
　数はある値を表わすが、その値は正の値に限っても限りなく小さくできるし、限りなく大きくもできる。紀元前200年ごろに現れた次の「アルキメデスの公理」、
　　大小二つの量があるとき、どのような少量であっても何倍かすると大の量を超える。
はこの不可思議さをいい表したものだ。

**有理数の稠密性**
　どのように接近した二つの分数 $a$、$b$ であっても、その間にたとえば $(a+b)/2=c$ が定義できる。分数は有理数ともいわれて、この性質は「有理数の稠密性」といわれている。

これをさらに一般化すると、

> 確定した値で異なる二つの値の間を連続的に埋めようとすると無限個の有理数が必要となる。ところが定義できる有理数の数は有限個である。

との難問が生じる。また分数では表せない多くの無理数のあることが知られているため、連続的な実数では有理数の間に無限個の無理数が存在するはずだ。数値の定義や演算に先立って数・数値が存在すると考えるとこの見方は常識的であり、実数のこの矛盾的な性質が古くから哲学者や数学者を悩ませてきた。

**数直線上に数は個々に存在するのか**

長さ1の数直線を2等分したとする。すると分割点の数0.5はどちらの線分に属するのだろうか。

この疑問にまともに答える形で、今日の数学では分割点の数はどちらか一方の線分に属するとされている。しかし他の見方として、連続的な長さを表す場合、0.5は一つの数というよりも元の線分上の位置または長さを表すと考えることができる。すると一つの線分の位置、長さが0.5で終わり、もう一つの線分の位置が0.5で始まると整合的に考えることができる。

結局、これらの数に関する不可思議さは、数を独立的・実体的な概念とみなすことで生じるのであって、本書で解明した数学のように数を理論にもとづき得られる数値と限定して、線分の長さも「数値で表せる」と考えれば解決できることが分かる。

しかし、次の無限に関する難問は有限数学では解決できないようにみえる。

## 4.2 理論が限りなくつづくゆえの難問

　有限数学では、1／3＝0.333…のように無限数列となる限りなく繰り返される理論（再帰的論理）が生じて、再帰的論理は終了しないため、その値は確定せず理論は未完成となる。次の問題は古くから議論されてきた無限に関する同様の難問だ。

**ゼノンの難問**

　紀元前500年ごろ古代ギリシャのエレア派ゼノンによる無限に関する難問「アキレスは去る人に追いつけない」が現れた。

　　　　アキレスは去る人を追っている。アキレスが追い始めた時、去る人はある位置1にいる。アキレスがその位置へ到達した時、去る人は次の位置2にいる。この理論は限りなく繰り返されて終了しないため、アキレスは去る人に追いつくことができない。

ゼノンはこれをもって「運動するものは仮象である」と理論づけたといわれている。今日ではアキレスが追いつく時間と位置は連立方程式で求められることは誰もが知っている。

**新たに生じた難問**

　西洋では16世紀末に1未満の値を分数ではなく小数で表記する記数法が知られた。

　一方、古くから正方形の1辺の長さと対角線の長さの比などは分数で記述できない「無理量」となることが知られていたが、小数で記述すると$\sqrt{2}$＝1.41421356…と何桁をとっても循環しない無限小数列となり、このように表記される「無理数」は確定値といえるか否かとの新たな難問がもたらされた。

　さらに、17世紀末にはニュートンらにより微分積分法が考案されたが、

微分積分値は無限数列によって表されるため、この値が確定値といえるか否かについての新たな理論が望まれた。

**伝統的な数学での極限値理論**

　19世紀にはこの問題の解決を目指して「極限（値）理論」が現れた。

　極限値理論においては、整数1、2、3、…、などの無限数列が無限大に発散する値の定義は、

　　　　任意の大きい数 $n_0$ に対して、$n_0 < n$ となる数 $n$

とされている。この定義で大きい数値 $n$ を定めたとしても、その $n$ も任意の数 $n_0$ となり得るため、$n < n$ となり矛盾が起こる。結局のところ、この定義は「悪循環」となっており、しいて解釈すれば無限大は限りなく大きくなる有限値となる。そして今日もこのような値が「無限大、∞」とされている。

　またゼノンの難問に現れるような等比級数は「0に収束する」と定義された。しかしこれについても、等比級数は限りなく0に近づくが真の0にはならない。

　結局のところ、極限値理論は伝統的な数学の限界である有限数学の理論域を示したにすぎない。このことが無限集合を原理とする今日の集合論のおこる一因となった。

**難解な集合論・解析学**

　今日の集合論による極限に関する理論は「解析学」といい、本書の数学理論とは相当に異質で難解だ。集合論・解析学は本書の数学理論とは関係のないことを第Ⅴ章で説明するので、心配な人はとりあえず安心してほしい。

　集合論を意識してか数学書の中には「整数体および実数体上の理論である」との断り書きから始まる本もある。私にはこの意味が分からなかった。分かろうとして集合論を読んでみたが、子供のころに学習した数値と演算

に比べて、「整数体」や「実数体」がなぜより原理的なのかがやはり分からなかった。

**本書を著した理由**

著者が本書を著そうとした理由の一つは、微分積分学の講義の中に出てくる難解な解析学に幻滅し挫折感を味わい、数学とはこんなはずではなかったとの思いと同時に、はばかりながらこのような経過をたどって数学嫌いになった人も多いのではないかとも憂慮して、この問題を解決するために本来のシンプルな数学を見出したいと考えたからだ。

というわけで、物語はここで今日につづく数学の歴史と袂を分かち、有限数学にもとづいてこの問題の解決を試みよう。

物語篇

# 第Ⅱ章　有限数学を拡張した無限数学

## 1　無限値の規定と極限値の厳密化

「無限大は存在する」といくら叫んでも理論としては認められない。歴史的にもそのような論争（数学基礎論論争）が起こり、有名な数学者ポアンカレはそうして敗北した。無限大を理論の対象とするには無限大を明確に規定する必要がある。幸いなことにすでに有限数学の原理1〜9は第Ⅰ章で明らかとなった。これを利用してさらに、

　　　　　**無限に循環する理論、再帰的論理の再帰回数を無限回、無限値とする。**
との規定を原理9として加えると無限数学が理論づけられるだろう。「無限大」という言葉はすでに今日の数学では「限りなく大きくなる有限値」ということになっているので、本書ではこれと混同しないように「無限値」という言葉を使う。

　この無限値の規定は、再帰的論理の実行に時間がかかるこの世界ではありえない。トンデモ理論といわれるだろう。しかし、数学は物理的な時間・空間に先行する原理的な理論であり時間・空間には関係なく再帰的論理は完遂すると考えてもよく、これにより理論的な矛盾が生じるわけでもない。かえって再帰的論理による理論の中断が解消されて理論がシームレスになる。さらに理論とその対象との関係からも、

　　　　　人は最初に論理学や数学の理論として再帰的論理を考え出して、次に時間・空間の制約を考慮してそれが完遂しないと考えた。しかし、理論の対象（事象・図形・再帰的論理を含まない理論）が完結するものならば、たとえ人がその対象に再帰的論理を当てはめて解

釈したとしてもその対象は完結する。このことから、この無限値の規定は本来完遂するはずの再帰的論理を明示的に完遂させて数学理論を理論の対象に一致させるものだ。

と明解に考えることができる（理論とその対象の関係については第Ⅲ章以降でさらに考察する）。

そこでこの無限値の規定を加えたこの数学を「無限値の数学」、「無限数学」ということにする。無限値を表す記号は「∞」をもじって「∞̲」とする。

無限値の規定によると、無限数列を生み出す再帰的論理が完遂して無限数列の長さが明確に無限長となり、極限値や無限小数列で表された実数値は明確に確定値となったといえる。

次にこの理論をさらに検討するが、以上を了解して仔細を知る必要はないと考える読者は本章を飛ばして次の章に進んでも差し支えない。

## 2　「極限の値」と無限数列どうしの演算「極限演算型」

### 極限の値の定義

無限値の規定が加わることで、無限数列の∞̲長での値の可能性として、

ⅰ　一定の有限値（従来の理論の「極限値」に代わる値）

ⅱ　無限値、∞̲（従来の理論で「限りなく大きくなる有限値」とされた「無限大∞」に代わる値）

ⅲ　その他（「不定値」という）

が考えられる。ⅰ、ⅱを合わせて、「極限の値」または「$L$」と表すことにする。次に、従来の理論ではかえりみられなかった極限値に関する演算、$a + \infty$、$0 / 0$、などに対する理論を組み立ててみよう。

### 極限演算型

微分係数 $da / db$ はある関係を保ちながら $0$ に収束する二つの無限数

列 $a_1$、$a_2$、$a_3$、…、$b_1$、$b_2$、$b_3$、…、の比として得られる。この関係を二つの無限数列の極限の値で表すと「0／0」となる。この表記法を「極限演算型」ということにする。多くの微分係数があることから、極限演算型、0／0は多くの解をもつ。

　一般的に二つの無限数列 $a_1$、$a_2$、$a_3$、…、$b_1$、$b_2$、$b_3$、…、どうしの演算の関係を、

　　　$a_1 ■ b_1, a_2 ■ b_2, a_3 ■ b_3, …$（■ は、＋、－、×、／のいずれかの演算子）

と定めて、ある範囲のさまざまな無限数列、四則演算について、極限演算型「$L_1 ■ L_2$」とその解との関係を調べると次のような結果がえられる。

　　A　$L_1$、$L_2$ がともに有限値のとき。極限演算型の表記も解も有限値の四則演算と一致して「$a ■ b = c$」となる。

　　B　$L_1 ■ L_2$ が0／0、∞×0、∞－∞、∞／∞のとき。$L_1$、演算子、$L_2$ を定めても、$L_1$、$L_2$ を与える元の数列の違いにより極限演算型の解の種類が異なり、有限値の解であってもその値は一定しない。したがって極限演算型には一意的な解は対応しない。

　　C　$L_1 ■ L_2$ がA、B以外のとき。$L_1$、演算子、$L_2$ を定めると極限演算型の解は0または∞のどちらかに一意的に定まる。つまり極限演算型は解を決定する（ただし $a - ∞$ の場合は、－∞が得られる）。

　以上の理論は有限値の演算を極限の値に拡張した理論と考えることができる。この理論に当てはまる無限数列には一定の制限があり演算の一型もただ1種類だが、これによると無限数列に関する多くの疑問が解決できる。

第Ⅱ章　有限数学を拡張した無限数学

## 3　無限数列長さの有限と無限

　無限数列 $a_1$、$a_2$、$a_3$、… を定義しようとすれば、
　　　i　　$n$ 番目の項 $a_n$ の定義。
　　　ii　　$n-1$ 番目の次の項は $n$ 番目の項だとの $n$ 番目の項の連鎖の定義。
の二つの定義が必要だ。
　極限演算型によると、数列の連鎖の定義は∞番目の項では、
　　　<u>∞</u>－1 番目の次の項は<u>∞</u>番目だ。
となり、さらに∞＋1 番目の項も∞番目となる。このことは、数列の連鎖の定義は∞番目でもって完遂して、「次の項」や「前の項」という関係は解消したと解釈できる。
　次に∞番目の項の定義 $a_∞$ の有効性を考える。
　たとえば $n$ 番目の項の定義が $n^2$ であれば、∞番目の項の値は<u>∞</u>×<u>∞</u>＝<u>∞</u>となるように、∞番目の項を極限演算型で表し得る無限数列は∞番目長において極限の値をもつ。
　ところが、たとえば「分数は無理数を表わすことのできない有理数である」との証明には分母分子が有限値のみに有効な理論が含まれている。したがって無限分数列 $a_n／b_n$ の長さは∞長となり得るが、分母または分子が<u>∞</u>となる無限分数列の極限の値は有理数とは限らない。
　分数と小数は単なる記数法の違いであり、$\sqrt{2}$ を表わす無限小数列、1.4、1.41、1.414、・・・、<u>∞</u>長小数、には無限分数列、$14／10^1$、$141／10^2$、$1414／10^3$、・・・、<u>∞</u>／<u>∞</u>、が対応して、ともに無理数を表わすことができる。

41

## 4 実数の性質、無限個概念、および無限数学のまとめ

　無限数学では「∞番目までの無限数列には∞個の項が含まれる。ゆえに無限数列は無限集合である」と考えることはできても、∞個の数の並列的な関係についての整合的な理論は得られない。たとえば最後尾の∞番目から前の方向へ $a$ 個数えても $∞ - a$ は相変わらず∞だ。これは、無限値の性質が有限値どうしの演算で得られる有限値とは全く異なるためだ。

　無限数学では無限集合、無限個の数を含む数直線は極限の概念であって、これを原理とした理論は成り立たない。

## 5 無限をめぐる謎を解き明かす

　整数、実数、偶数などに関係なく、多くの無限数列の極限の値が一つの無限値∞となるため、逆に無限値からもとの無限数列を特定することはできない。無限値の集合についてはその内部構造を理論づけることはできない。

　このような無限値の性質によると、過去に「無限をめぐる謎」として語られてきた多くの謎について明解な「謎解き」の理論が得られる。これについては詳説篇にゆずることにして、次にこの物語を図形、座標、時空間の世界へと進めよう。

# 第Ⅲ章　無限数学を図形、座標、時空間へ拡張した本数学

## 1　数値と図形に関する理論の起源とその数学的性質

**数学と幾何学の関係とは**

　幾何学に対して私のいだいてきた大きな疑問は、17世紀に座標幾何学が知られて古代ギリシャに現れたユークリッド幾何学が座標で論じられるようになったにもかかわらず、二つはまるで原理が異なる理論のように扱われていることだ。そこでこの数学の歴史にはとらわれずに、無限数学から幾何学の原理を組みたてよう。

**長さと空間概念の学習**

　私たちは「ものさし」などを用いて、物には長さがあり長さは数値で表せることを学習した。

　3次元空間とは、空間は縦、横、それに奥行方向の3本の直角に交わる直線の軸で構成された空間、さらにはその3軸の長さで空間内部の位置が定まるとの概念だ。私たちはこのことを幾何学で立方体、直方体の性質として教わったり、あるいは理論といえる理論なしで教わっただろう。

　私の子供のころの経験だが、目前の何もない虚空に対して大人がなぜ「空間」というのかが分からなかった。ところがある時「たて、よこ、高さがあるだろう」と説明されて、初めて何もないのではなく空間があるのだと気づいたことを覚えている。そしてこの時から、「虚空は、たて、よこ、高さをもつ空間で構成されている」との固定概念をもつようになった。

　そしてこの経験によると、時代・地域を問わず3次元空間の概念が普及した理由については、有限数学と同様に、これらの理論・概念が時代・地

域・言葉の壁を越えて共通的に認識可能なシンプルで幾何学的・数学的な原理であるためと考えられる。

**図形の理論の性質、理論域**

　幾何学図形で特徴的なことは、私たちは紙に描かれた三角形を見て三角形と判断できて、人にそれを「三角形」という言葉で正確に伝えることができるが、「三角形」という言葉だけではこの三角形が描かれたものか切り取られたものか、あるいはどのような材料でできたものかを知ることができないことだ。これは「三角形」という言葉が数学理論と同様にただ一通りで共通的に得られる定義にもとづいており、三角形を構成する「もの」はその定義の理論域外となるためだろう。なおかつ図形は数えたり長さを測ったりできる。このため図形と数学は非常に近い関係にあると考えられる。

　では、数に関する理論に限られた無限数学の理論に図形の要素となる「直線」と「直角」を付加してその理論域の座標と図形への拡張を試みる。

## 2　無限数学から図形数学へ

**理論の整合性による数直線の規定**

　3次元の座標を無限数学にもとづきながらシンプルな図形から構成してみよう。

　最初に座標軸となる「線形性をそなえた直線」つまり「まっすぐで長さと数値が対応して等間隔目盛りの打てる数直線」が必要だが、「直線」や「線形性」を一つの規定で確定しようとしても、用いた図形に関する言葉に対してまたその言葉を規定する必要があるとの悪循環が生じる。そこで数値と演算の原理と同様に、数直線の規定は最初は概念的であっても、その直線を用いて整合的な理論が得られれば直線とその線形性は厳密に規定され

第Ⅲ章　無限数学を図形、座標、時空間へ拡張した本数学

たと考えることにする。

**座標の規定**

　２直線を交差させると２直線を含む平面が定まる。「直角」とはその平面を等分割する直線の交わり方だ。さらに２直線の交点に平面に直角となる３本目の直線を引くと３次元空間内部の位置を定める３次元座標軸ができあがる。３本の座標軸を線形と仮定すると３次元空間内部の図形の理論が整合的に成立する。このため無限数学の座標軸は線形で平面、空間にも歪はない。

**図形数学**

　座標、図形の理論は数学の一つの解釈ともみなせるが、この解釈はただ一通りで共通的に得られるため数学の原理または理論といえる。無限数学に以上の座標と図形の原理を加えた数学を「図形数学」ということにする。

## 3　図形数学によるユークリッド『原論』の解釈

### 3.1　図形数学と『原論』との比較

**『原論』の公理類の構造**

　ユークリッドの『原論』に記載された公理類の数は１３０を超えるが、その中には用語の定義や単なる論理推論規則の適用と見受けられるものも多数ある。

　『原論』の１巻の公理類の最初の部分を書き出してみる。

　　１．点とは部分をもたないものである。
　　２．線とは幅のない長さである。
　　３．線の端は点である。
　　４．直線とはその上にある点について一様に横たわる線である。

5．面とは長さと幅のみをもつものである。

　この公理類の範囲に限れば、それぞれが無前提の公理とはみなし難い。たとえば1の公理の「部分」との用語には解説が必要だし、4の規定は曲線から直線を選び出す規定とはなっていない。

　このことから（ユークリッド自身の公理に関する考え方は何も書き残されていないが）『原論』の公理は一つ一つが無前提の独立的な規定ではなく、公理類全体として理論を整合的に組み立てられるように工夫されたものだと思われる。

## 『原論』の公理類の図形数学による記述

　図形数学の平面座標にもとづくと、『原論』の公理類は原則的に図形数学上の数値と座標で定義可能だ。これを先の公理類で例示しよう。

　　　1．点とは部分をもたないものである。→　一つの数値 $a$ は部分をもたない点を表す。

　　　2．線とは幅のない長さである。→　変数 $x$ は幅のない線を表す。

　　　3．線の端は点である。→　変数 $x$ の値域の両端は一定の数値である。

　以下の公理は詳説篇で説明する。これらは数学による図形の定義といえるだろう。

## 『原論』の理論の図形数学による記述

　『原論』の理論は「定規、コンパス操作で作図可能な図形」のみを対象としているため、描き得る線の種類は線分と直線、円周、円周の一部である円弧に限定されている。

　図形数学の座標によると、傾きが $a$ で、$Y$ 軸上の $b$ 点を通る直線は関数
$$y = ax + b$$
の値域として定義可能で、点 $P(a、b)$ を中心とした半径 $r$ の円は、関数
$$(x-a)^2 + (y-b)^2 = r^2$$

の値域として定義可能だ。

　これらの線の交点もこれらの関数を連立方程式として解けば求められる。円弧や線分は変数の値域を制限すればよい。

## ３．２　非ユークリッド幾何学とその位置づけ

**非ユークリッド幾何学の発見と真理の否定**

　ユークリッドの公理の一つに「ある直線から離れた点を通りその直線にどこまでも交わらない直線はただ１本ある」との「平行線公理」がある。18世紀から19世紀にかけてこの公理が研究されて、ある種の曲面の上では平行線が０本であったり多数本である「非ユークリッド幾何学」が整合的に成立することが発見された。この発見により「公理とは真理とは限らない」とみなされて、さらに「公理とは単なる仮説である」との「公理論」が生まれた。これが「真理となる理論は存在しない」との今日も通用している理論の規範を生んだ。

**幾何学図形は本来的に無歪だ！**

　ここまでの数学は整合的な数値と演算の理論にもとづいており、「矛盾」はこれに一致しない数値の理論と位置づけられる。これと同様に座標、図形の理論には本来的に歪がないことはその整合性により担保されている。「歪」や曲面上の幾何学は無歪の平面上の幾何学にもとづいて得られるのだ。

　この関係を無視すると、無歪のオリジナルの理論と歪のある理論とが相対化されて、何が無歪かが分からなくなってしまう。しかし数学の歴史はこの方向へ進んだ。

**オッカムのカミソリ**

　14世紀にスコラ学派のウィリアム－オッカム（1280頃-1349）は論争にあたり「不必要に多数の仮定（原理）をたててはならない」と説いた。

47

これは今日「オッカムのカミソリ」として知られている。オッカムのカミソリは数学理論を共通的と考えてその原理を共通的な部分のみに限った本書の考え方と軌を同じくする重要な原則だ。

**『原論』における「無限」の役割**

　平行線はユークリッドの理論でも長方形の相対する2辺として定義できる。なぜ平行線を無限に関連づける必要があるのか。ユークリッドの真意は分からないが、当時の歴史的背景を考慮すると、論争社会だった古代ギリシャにおいて自らの理論の正当性を論敵に対して主張するために、平行線公理により理論全体を「絶対的な無限」に関連づけたのかもしれない。

　そして非ユークリッド幾何学の発見が平行線公理に込めたユークリッドの思いとは逆方向に作用したとすれば、それは歴史の皮肉だろう。

## 4　時空間の原理としての四元数の理論

### 4.1　時間の概念と時間軸となる数直線

**時間概念と数直線**

　私たちの意識の中で時間概念が生まれることについては私たちの過去から現在につながる記憶に関連づけて考えることができる。さらに歴史年表を見たり日記をつければ分かるように、記憶に残る出来事を年月日という周期的に訪れる昼夜の変化、季節の変化とともに並べてみると、等速的に経過してゆく時間概念が生まれて、私たちはその時間概念を未来へ延長して、昼夜や季節の変化を予測するようになるだろう。

　記録されたこのような時間概念には線形の数直線を当てはめることができる。3次元空間にこの時間軸が加わると私たちのもつ時空間概念に一致する時空間の数学モデルが得られる。

## ４．２　四元数の理論の発見

　３次元空間は幾何学的に証明できる。では３次元空間と時間軸を結びつける理論とは何だろうか。このヒントは身近なところにある。
　最近３Ｄといわれるコンピューターグラフィックスが普及している。その中では３次元の立体の動きを「四元数」といわれる理論で計算しながら表示しているのだ。四元数は四則演算規則にもとづいた原理的な理論だから、複雑なものの動きの計算を他のどのような理論よりもシンプルに速く計算できるという。

**四元数の理論の発見**
　１９世紀にアイルランドの数学者ハミルトンは、実数軸とこれに直交した３軸（ベクトル軸という）の間で整合的な演算関係が成立することを発見して、これを「四元数」となづけた。彼はこれを道すがらの思索により発見して、思わず通りすがりの石橋の欄干に「$i^2=j^2=k^2=ijk=-1$」と刻みつけたといわれている（石橋は柔らかい凝灰岩でできていたため刻印できたが、今は判読困難となったそうだ）。
　私たちは時間の流れを認識しながら空間を３次元として認識できる。四元数の実数軸を時間軸とみなすと、四元数はこの私たちの時空間の認識方法に重なる。

## ４．３　四元数の虚数軸による３次元空間と運動

　さらに四元数で空間の物の位置を表すとその動きが四元数どうしのシンプルな演算で表すことができる。詳しくは詳説篇で説明する。

## 4.4　四元数の理論の衰退、および経験としての時空間

### 忘れ去られた四元数

　四元数の理論は発見当初大きなインパクトを引き起こし、四元数についての学会や思想団体も設立されたという。ところが、四元数の理論には生まれながらに1本の時間軸と3本の空間軸という制限がある。このため四元数の理論はその後複雑化した物理理論への対応性に限界があり、四元を参考にしてその軸を増やした「ベクトル解析」という理論に取って代わられて、いまや発見当初の強いインパクトは遠い過去のものとなった。

### CGで用いられた四元数

　今日、2次元のコンピューターグラフィックス画面で3次元の立体の動きを表示するために四元数による計算も用いられている。私たちはこの画像を、直接的に見る立体と同様に正しいと感じる。この正しいとの感覚は、直接的に見る立体の動きも、画像による立体の動きも、共通的なある基準にしたがって正しいと判断しているために生じているはずで、その共通の基準は四元数の理論と推定される。私たちはたとえ四元数の理論を知らなくても、立体の構造や動きを理論的・幾何学的に考えると、ごく自然に数の演算規則に潜む四元数の理論をなぞることになるのだろう。

### 人のもつ時空間概念

　後に相対性理論による物理的時空間を説明するが、それは複雑で等身大ではないため、私たちのもつ直感的な時空間概念とは異なる。

　私たちの習得した時空間概念は伝統的でシンプルな図形数学上の幾何学と四元数の理論と同根のものだろう。これらの理論がシンプルであるがゆえに私たちの直感となって、逆にこれらの理論が構成する時空間を体験しているように感じ取られるのだろう。

第Ⅲ章　無限数学を図形、座標、時空間へ拡張した本数学

**ハミルトンの生涯**

　ハミルトンは、早くから数学、物理学分野でその才能を見い出されて、ダブリン郊外のダンシンク天文台長に就任し、アイルランド数学会の重鎮として処遇され、国際的にも名を馳せたという。彼はその余生をかけて四元数の理論とこれにもとづいた時空間の哲学を思索したが、多くの天才数学者がたどったようにその晩年はあまり幸せではなかったと伝わる。

　時間と3次元空間を「先験的な認識能力による概念」あるいは「私たちの認識方法には関係しない認識の対象に内在した性質」と考えている限り、四元数の理論は数学上の一つの理論にすぎない。しかし今日では、人の知覚や心の働きに関する理論が新しく生まれて、コンピューターグラフィックスでの四元数の理論の応用も広がってきた。このように移り変わった理論環境の中ではハミルトンの思いは比較的容易に生き返ることができるのではないかと思いついつい話が長くなった。ハミルトンに対する私なりのオマージュだ。

**数学的時空間を伴う本数学の成立**

　以上で無限数学に図形、座標、時空間の原理を加えた本数学が完成した。本数学は数、図形、時空間の理論を構成する唯一無二の理論で、科学理論の原理となる究極の理論であることを以後解き明かしてゆく。

物語篇

# 第IV章　本数学を拡張した科学理論

## 1　本数学を拡張した理論

　17 世紀頃には観察や実験などの方法から推測される結果を新たな用語、数式、論理推論規則などで記述する「科学」といわれる理論が興った。ここでは図形、座標、時空間の理論を備えた本数学にもとづいて科学理論を考えてみよう。

　共通了解性の高い理論を新たに考えだそうとするとき、私たちはまず、

> 理論では数値、演算法、論理推論規則は自由に使える。理論はできる限り数値、数式、論理推論規則、共通的な用語を用いて記述して、まったくこのような記述ができない対象は理論の対象とはしない。

と考えるだろう。この考え方は、

> 本数学をベースとして非数学の対象を説明する法則・用語などを加えて構成された理論は特に数学のもつ共通性により共通了解性が高い。

との考え方に共通する。またこのような理論には、

> 理論の法則・用語などは理論の作り手の関心によって理論の対象を説明したものであり、この法則・用語と理論の対象との関係は数学の理論域外である。

との性質が備わっているだろう。

　このような理論の正しさとはその信頼性、共通了解性の大きさであり、理論の作り手によって導入された本数学による法則の記述や用語について、理論の受け手がどの程度理論の対象を説明していると信じることができる

かで決まってくるだろう。

この理論の見方を「本数学を拡張した理論」ということにする。この理論の見方によると、数学に準じて科学理論の信頼性や、理論域が限られるゆえの問題点などを明解に説明できることを実例で確認しよう。

## 2　本数学を拡張したニュートン力学

**定量的な速度の記述の始まり**

今日、速度については 0 を含めて一律に数学的、定量的に表せることは常識となっているが、西洋ではアリストテレスによる「静止したもの」と「運動するもの」との分類を原理とする見方が長くつづいた。

16 世紀に現れたガリレイの『新科学対話』によって、物体の速度は数値、数式で表された。その後まもなくして今日「ニュートン力学」といわれている地上の物体の運動も天体の運動も共通的に表せる「法則」が発見された。

**本数学を拡張したニュートン力学**

ニュートン力学は「物体の質量」「力」「引力」などの量の関係を数学的時空間座標での方程式で定まる位置、速度、加速度を用いて「法則」として表したもので、これは本数学に理論の前提となる用語・法則・概念を追加して理論を構成した「本数学を拡張した理論」とみなすことができる。

数学理論とは異なり、これら追加された用語、法則が厳密に理論の対象（物体・天体の動き）に一致しているか否かは本数学で証明できる問題ではない。

実際上も法則から得られる値（理論値という）と観測値（測定値という）は正確には一致しないが、ニュートンはこれをすべて当時の高くはない観測技術から生じる測定誤差と考えたふしがある（後にこの誤差は確率論や相対性理論により説明されることになる）。

### ニュートン力学自身の座標の原点と地動説

　ニュートンの力学法則によると、無重力の空間に浮かんでいる２つの物体の動きは２つの物体の重心を原点とした座標上の方程式で表される。ニュートン力学が地動説と解釈できる理由は、太陽の質量が地球に比べて圧倒的に大きいため、両者の重心の位置が太陽内部となるからだ。つまり、太陽と地球のどちらが動きどちらが静止しているかということは相対的な問題なのだ。

### 宇宙に固定できない座標の原点

　天体数を増やしても天体全体の重心を座標の原点とするとその動きは方程式で表せるはずだ。ところが、座標の原点を宇宙空間に固定することはできない。この問題の起因は本数学の理論域だ。本数学とその座標にもとづくと座標内の位置や速度は座標で表すことができる。ところがその座標の原点の位置や速度は本数学の外部の理論・概念となるため本数学の理論では定められないのだ。

　この問題は原点を位置づけることのできない宇宙を対象とした理論で顕在化した。地上の理論では通常原点を地上に固定して考えることができるため問題にならない。

　しいてニュートン力学の成立する座標を宇宙に求めると、

　　　加減速も回転もしていない座標。

ということになり、これは今日では「慣性系」といわれている。慣性系は「ニュートン力学の成立する座標」を自らの理論で条件づけたもので、観測により確認できない理論上の「理想座標」である。

### ニュートン力学の信頼性

　結局、ニュートン力学の正しさとは、理論の受け手の中で、

　　　・ニュートン力学の表す物体や天体の動きは経験や観測データに
　　　　沿っているか。

>・ニュートン力学にもとづくとどのような科学的な関連理論が生まれるか。

などを総合的に考慮して生まれる共通了解性、信頼性の大きさということになる。

　座標の原点の問題を不問とすると、ニュートン力学をベースとして物理学の広い分野で多くの新たな理論が生まれて、ニュートン力学の法則、用語と科学的に整合して経験とも重なる理論のネットワークが生まれたため、ニュートン力学は総合的に信頼を得た。

## 3　本数学を拡張した確率論とその応用理論

### 3.1　確率論

**離散的な確率と確率事象**

　力学法則で予測できる運動は限られている。たとえば、コインを投げてどちらの面が出るかを予測しようとしても、コインの動きにかかわる条件が複雑すぎて力学法則ではうまく予測できない。

　このような状況に対して、

> これから投げるコインのどちらの面が出るかは分からないが、コインの形状が表裏で対称的だとすると表裏の出る割合は同程度に確からしく、その比率はそれぞれ1／2だろう。

と常識的に考えられる。これを一般化した「毎回の結果の出る確率は常にpである」との仮定を「離散的な確率（変数）」といい、これにもとづくと事象の繰り返しにより構成される発生確率の分布を数学的に求めることができる。このように事象を解釈した数学モデルを「確率論」という。

### 連続的な確率、その離散的な確率との関係

　止まった位置を角度で測れるルーレット盤があったとすると、止まる位置は予測できないが、このルーレット盤は0°から360°の連続的な角度に一様の確からしさで止まると私たちは予想するだろう。確率論ではこれを「一様で連続的な確率変数」として扱う。

　ルーレット盤の全周を2等分すれば各々の区間に止まる確率は1/2だから、離散的な確率概念のベースには連続的な確率概念があるとも考えられる。

### ランダム問題

　ルーレットの止まる位置について、

　　　一様で連続的な確率変数において止まる位置はどのように定まるのか。

またはコインの面の出方について、

　　　同等の確率で出るコインのどちらか1面がどのように選ばれるのか。

との疑問は私たちにとり回答不可能の難問である。これを「ランダム問題」ということにする。確率論はこの難問を確率変数という概念に封じてそれを確率的に取り扱う方法といえる。

### 確率論による事象の解釈

　ランダムで混沌としたこの世界を科学的に理論づけることは困難だ。確率論と統計的推測を用いた対象の解釈も仮定ではあるが、適切に用いると妥当な結果が得られるため、ランダムな対象から科学的な理論を得るためのツールとして使用されている。たとえば、根拠なく「明日の天気は雨だ」といっても誰も信用しないが、確率論と科学的な理論により「明日の天気は90％の確率で雨だ」と予報すれば、降雨のランダムさは解消されないものの、多くの人は予報を信用するだろう。

　もちろん、ツールの使用法を誤ると得られた理論も科学的とはいえな

い。確率論を用いた理論の正しさとは関連理論との科学的な整合性や経験的な裏付けなどから生まれる信頼性、共通了解性の大きさだろう。

## ３.２　確率論と熱力学

　気体分子全体の動きを確率分布で論じる熱力学は確率論を用いた代表的な理論だ。個々の分子の運動を問題とせずそれを確率分布で論じることで、熱力学はランダム問題といった不確定性を避けることができる。

　熱力学の理論の原点が熱機関（蒸気機関）の動作の解析にあったことは無視できない。熱力学の重要な法則に「エントロピー増加の法則」とわれる「熱は高い方から低い方へ伝わり平均化されてゆく」との法則がある。通常の物理理論は時間を時間軸で理論づけるため、理論は時間に対して双方向的となるが、その中でこの法則は「時間の進行方向を一方向に定める物理理論である」との見方がある。が、これは局所的な見方ともいえる。詳しくは詳説篇で検討する。

　量子論も確率分布を用いているが、これも詳説篇で検討する。

# ４　相対性理論

## ４.１　相対性理論とその前提理論

　物理学の対象は電磁気に拡張されて、アインシュタインにより「真空中の光速一定」を原理とした相対性理論が現れた。相対性理論によると、

- ・物体どうしの速度（相対的速度）が異なると物体どうしの長さ、時計の進む速度（物理的時間）は異なる（この関係はローレンツ変換といわれている）。

- 加速度が加わった時計は遅れる。
- エネルギー $e$、質量 $m$、光速 $c$ の間には $e = m \times c^2$ なる関係が成立する。

などの法則が得られる。

今日では数学的時空間にローレンツ変換を施した相対論の時空間がより正しい時空間とされている。

## 4.2　根底にある数学的時空間

しかし、相対性理論の時空間には次のような違和感がある。

i　私たちの時空間の認識、経験は数学的時空間に由来しており、数学的時空間軸の線形性は数学の整合性で担保されている。

ii　これとは異なり、時計の進む速度や剛体の長さはもちろんのこと、光速が場所、時間によらず線形で不変であることは、物理事象どうしの比較である測定によっても数学理論のように証明できるものではない。

iii　物体の相対速度が 0 となったとき、相対性理論の時空間は数学的時空間と変わらない。

iv　将来的に光速以上に原理的な事象が発見されないとも限らないため、光にもとづく時空間は恒久的な時空間とはいえない。

したがって、数学的時空間は物理的時空間よりも原理的な概念と考えられる。

## 4.3　本数学を拡張した理論としての相対性理論とは

このようなことから、相対性理論は数学的時空間を否定したものではな

第Ⅳ章　本数学を拡張した科学理論

く、相対性理論のベースには数学的時空間とニュートン力学があり、これに光の性質を加えた時空間が相対性理論の示す「物理的な時空間」だと解釈するほうが理にかなっているだろう。

「真空中の速度一定」との光の性質は、座標の原点の定まらない宇宙論の本質的な問題と思われるが、物理学においてある法則を原理とみなすことはその法則の成り立ちについての物理的探求を放棄するに等しい。このため、すでに行なわれつつあるが、この法則を成り立たせている真空の性質をさらに探索することが望ましい。

### 4.4　一般相対性理論

ニュートン力学では慣性力と引力は質量に比例する別々の式で表されるが、アインシュタインは両者を統一した方程式を求め、これを一つの時空間とみなした「一般相対性理論」を発表した。

この時空間は相対性理論と同様の理由で数学的時空間とは別物の物理的時空間である。一般相対性理論で明らかになったとされる光と重力の相互作用についても「光と重力の直接的な関係」または「物理的な時空間の数学的時空間からの歪」と考えればよい。数学的時空間は経験に一致して、なおかつ歪みがないと断定できる唯一の基準となる時空間である。

## 5　本数学にもとづくさまざまな科学理論

### 5.1　原子論、素粒子論

物質に関する物理学は分子、原子に始まり陽子、中性子、電子、素粒子

とどんどん微細な構造を論じるようになってきた。このような粒子は目に見えないため、その形状は理論にたよるしかなく、最初は球形だった原子や電子も確率分布で論じられるようになった。

今日では、一つの素粒子がいくつかの性質をもつ場合その素粒子に多くのパラメーターが割り当てられて、各パラメーターが一つの空間軸を構成するとの考え方もあるが、これは数学的時空間の次元とは異なる。パラメーターはあくまでも素粒子の複雑な性質を説明するための単なるパラメーターだ。

## 5.2　宇宙論

ビッグバンはチャレンジ的で興味深い理論だが、その始点となる「無から有が生じる」との理論が既存の物理学から得られ難い。もし「無」から宇宙を原理づけようとすると、古くからあるカテゴリー論の形をとらざるを得ず、それは科学的な信頼性の面で問題が生じるだろう。始点を神に関連づけるのは非科学的な信仰の領域だ。ビッグバン理論の科学的な展開には真空の性質などの関連理論のさらなる充実が必要と思われる。

## 5.3　言葉を用いた科学理論

非数学理論である科学理論の数学との違いは前提として追加された物体、生命、生れる、死ぬ、などの理論・用語の意味が確定できない点だ。質量、力、質量保存の法則などの数値や数式により記述された用語、法則についても、これらの記述が理論の対象と一致することを数学のように確定的に証明することはできない。これらの非数学の理論・用語の信頼性や意味は数学上の定義とは異なり、一つの理論のみならずその理論・用語に関する

他の理論・用語の科学的に整合するネットワークから生まれていることは科学理論に対する私たちの考え方を思い起こすとよく分かる。

## 6　従来の科学論と「本数学を拡張した理論」との比較

　科学の発展にともなって２０世紀には科学論（科学の哲学、科学基礎論）が興り、科学理論の成り立ちや社会性について、さまざまな説が提唱されている。

　しかしながらこれらの科学論は、理論を構成するものは言葉であり数値と演算、論理推論規則は理論のツールであるとの立場をとっており、数学の原理性と科学の理論域の概念が薄弱なため、個別的で分かりにくい理論となっている。その具体例は詳説篇で説明する。

## 7　言葉、文章にもとづく理論の原理──カテゴリー論、論理学

**文章に潜む理論**
　ほとんどの文章は理論とは切り離せない。
　　　　好きだ！
という文章は感情の直接表現だが、このような文章は通常、
　　　　私はあなたが好きだ！
との主語と述語からなる文章（「命題」という）の省略形でだろう。さらに、最初に迷いがあってこの文章を口にするまでに、
　　　　私とあなたとの関係は「好き」か「嫌い」か「どちらでもない」の
　　　　いずれかである。私とあなたの関係はそのうちの「好き」に当たる。
との思考過程があったとすると、複雑な気持ちに理論的な三つの選択肢を

当てはめてみて、その中の一つを選択したのである。たとえ話し手が感情表現として「好き」といったとしても、「好き」は聞き手の心の中で理論的な信頼性を伴って独り歩きを始めることがある。するとその訂正には相当の手続きが必要となろう。一見理論的ではない文章にも理論を当てはめることができるのである。このように文章と理論は切り離し難い。

**カテゴリー論と論理学**

　カテゴリーは言葉を用いて定められる。理論をその対象の分類から始める「カテゴリー論」は古くから理論の原理とされてきたが、本書の理論の見方によると、カテゴリー論のカテゴリーは本数学に新たに加えられた仮定だ。本数学を拡張した理論の場合は、他の科学的な理論と理論を共有しやすいが、他の理論とのつながりの薄いカテゴリー論ではこれが困難だ。そのために本数学を拡張した形をとる科学理論に負けたのだろう。

　論理学は言葉を対象として理論の仕組みを論じるが、言葉の意味、構造は複雑で一律的ではないため、今日までにさまざまな言葉の見方にもとづいた論理学が提唱されてきており、どれが最も正しいといえるものでもない。

## 8　個人的な言葉の成り立ちとその理論との関係

　本数学を拡張した理論と言葉との違いを考えてみると、言葉の意味は各個人の経験や関心にもとづいた総合的な判断によって成りたっていることが自覚できるだろう。だから言葉の意味は個人ごとに異なる。この点で言葉と理論は明確に区別できる。また、

　　　言葉の意味は個人的に異なるものの、その違いの程度は理論によって確認可能である。

との役割分担が明らかになる。

第Ⅳ章　本数学を拡張した科学理論

**言葉の分類**

　以上の考察によると言葉は理論により次の3段階に分類される。

　　ⅰ　「5」「偶数」「三角形」などの数学用語の意味は数学理論により一意的、共通に得られる。

　　ⅱ　「物体」「生れる」などの科学理論がカバーする用語の意味や信頼性は理論に用いられた数学理論の共通性、共通の用語を含む関連理論との科学的な整合性、理論の対象に関する感覚、経験との整合性などにもとづいて総合的に得られる。

　　ⅲ　ⅰ、ⅱとの関連の薄い言葉および文章の意味・内容は、ⅰ、ⅱの信頼性に加えて、文章の構造、関連する他の文章、および個人の経験に由来する言葉の意味などとの関係にもとづいて、私たち個人による総合的な判断として得られる。

　この3分類は、従来の数学と論理推論規則とを理論のツールとした見方によっても概念的に得られるとしても、本書のように明確なものではなかった。

## 9　まとめ──科学と非科学、人間とコンピューターの違い

**科学と非科学**

　言葉のみから成る理論についても、科学と非科学の区別は容易にできる。

　生物学、医学、心理学などの理論はほとんど言葉で記述されているが、共通的な観察法にもとづいて共通的な言葉と数学的な推理法で理論を記述しているため、共通的な言葉と推理法からなるネットワークができて、一系の科学理論を構成している。病気などの分類・命名には統計的方法が用いられることもある。

これとは異なり、神、霊魂、善と悪などの言葉は概念的に意味を共有できても、これらについての共通的な観察が十分できないために、これらの言葉の意味は科学として共有できないままだ。

**人と人工知能**

　私たちは自分の外の世界となる対象への関心にもとづき言葉と数学を学び、数学と非数学の立場から理論を思索できる。いいかえれば大局的にこの世界を考えることができる。これが人間のもつ理論の創造力となる。さらに人間は理論への関心と理論的思考法および独自に育んだ言葉の意味にもとづいた思考法をもつため、「他者とは異なる自分」を思考することができる。

　これらに欠けた人工知能は理論の創造力も自我の意識ももつことができない。これは人工知能は人にどこまで近づけるかとの今日的な話題への否定回答であり、私たちの知性が創造的であることの所以(ゆえん)である。

# 第Ⅴ章　他の原理との比較

　本書以外の原理については大綱的に比較済みだから「物語篇」での説明は省略する。ただし、ほとんど比較してこなかった「集合論」については本数学と同じ分野で今日通用している原理だから比較の概要を説明する。

**無限を優先した思想にもとづく集合論**

　超限集合論の創始者カントールはまず自然数１、２、３、…、の全体のように要素が限りなく１列に順序づけられる「可算無限集合」と小数で表した実数全体のように要素が１列に順序づけられない「非可算無限集合」の二つの無限があると考えた。さらに彼はこれについて「区間縮小法」「対角線論法」といわれている二つの証明を伝統的な数学上で行ったとされている。

　本数学が集合論に拘束されないことを明確にするために、これらの集合論の基礎を本数学により解明する。

**実数の順序づけ**

　伝統的な数学上でも本数学上でも、カントールの理論を否定する値域０から１の小数の順序づけが可能だ。すなわち、小数の桁数の小さいものから、同じ桁数の小数においては数値の小さいものから、次のように順々に限りなく１列に（印刷の都合上改行したが）順序づけることができる。

　　0.1, 0.2, 0.3, …0.9, 1.0, 1.1, 1.2, …9.9,

　　0.01, 0.02, …0.10, …0.99, 1.00, 1.01, …1.10, …10.00, 10.01,…99.99,

　　0.001, 0.002, …0.010, …0.100,…0.999, 1.000, …999.000, …999.999,

…

この順序づけでは最後の桁が0となる小数は1桁小さい小数と値が重複するが、これを省くこともできるため小数が逐一的にもれなく限りなく順序づけられることには変わりがない。

## カントールの証明の検証

　非可算無限の実数を前提とすれば、この順序づけは非可算無限の実数の反証ではなく「非可算無限の実数の有限部分」と解釈できる。そこでこの順序づけた小数を「区間縮小法」の証明に当てはめて解釈してみる。すると区間縮小法には「限りなくつづく無限小数列の届かない所に順序づけられない数（超越数）がある」との前提があることが分かる。

　さらにこの順序づけた小数を「対角線論法」の証明に当てはめて解釈してみると「限りなくつづく無限小数列は可算無限集合に到達する」との前提があることが分かる。興味ある人は詳説篇で確認していただきたい。

　これらの前提は有限数学でも無限数学でも得られない理論・概念だから、非可算無限の実数は本数学にはない原理を前提とした理論といえる。これらの前提は理論域が明示的ではなかった伝統的な数学では許容されていたのだろう。

　よく考えてみると、どのような無限数列も有限値の範囲では順序づけられながら得られるため、数列が順序づけられないとの理論は有限数学によっては当然得られない。

　今日の集合論は非可算無限から順次得られる超限集合を公理化したものであり、これが逆に伝統的な数学の原理とされるに至った。これは無限を絶対的とする思想にもとづいており、私たちの思考法として生起した本数学の原理とは全く異なる。

## パラドックスの解釈

　集合論の対象となる集合には言葉の集合も含まれる。すると「私のいう

ことはすべて嘘だ」などの「パラドックス」とよばれる言葉の矛盾が問題となる（詳しくは詳説篇を参照）。理論を「数値と演算についての理論」に限ればパラドックスはあり得ない。言葉の用法の自由度は高いから、言葉の理論において「私のいうことすべて」は本来的にパラドックスを含み得る集合と考えられる。

**数学基礎論論争の解釈**

　パラドックスを契機として有名な「数学基礎論論争」が起こった。ヒルベルト、ラッセルたちは集合論を支持したが、ポアンカレ、ブラウワーたちは無限集合がなくても極限値は確定値とみなせると主張した。しかしポアンカレ、ブラウワーたちは、数学の原理にもとづいて有限数学を無限数学に拡張できることを本書が説明したようには説明できなかった。カントールの証明についても有限数学上で無効であることを論証できなかった。このようなこともあって集合論が数学・論理学の基礎とみなされるようになっていった。

**不完全性定理の解釈**

　ゲーデルは「数学が無矛盾であることは証明できない」との有名な「不完全性定理」をパラドックスを利用して証明したが、本数学の理論域は数値に関する理論だからこの証明は本数学には適用できない。本数学に比べてパラドックスの発生する集合論は不完全だ。不完全性定理は集合論の不完全さを表している。

　今日では、超限集合は正しい、絶対的であるとの前提に立って数学・論理学の基礎を論じる「数学基礎論」という学問があるが、以上の検討によると集合論は私たちの習得した本来の数学とは異なって、「数学と論理学の基礎を絶対的な無限におく」との理念、原理にもとづいた理論といえる。

**まとめ**

　第Ⅴ章は次のとおり要約できる。

　　　　従来の理論の原理には一般的な理論に対するカテゴリー論と数学
　　　　的な理論に対する公理論があるが、どちらの場合も前提となるカ
　　　　テゴリー・公理は数値と演算のように私たちがただ一通りに得ら
　　　　れる共通的な原理ではないために、世界の人々に共有されるとは
　　　　いえず、その理論の正しさについても共通的とはいえない。
　もちろん、各原理のどれを正しいとするかの判断は、本書を読んだ読者諸氏に委ねられている。
　そして、読者のあなたが本書で解明した一連の理論の原理を正しいと考えたとしても、この原理の理論域外部となる他の多くの原理・理論・概念を軽視するわけにはいかない。なぜならば、本数学とこれを拡張した科学理論の理論域は決して広くはなく、数学も科学も、これら理論と理論域外部の世界の双方を思考できる私たちの一つの思想として成立可能で、さらに豊かで多様な人類の思想文化もこの理論の内部・外部を問わず形成されてきたからだ。
　では、科学はその外部となる思想と無関係かというとそうではない。たとえば「社会」や「正義」を思索するときにも、広く世界に通用する科学理論や科学的思考との調和を図れば、独善的な思想が生まれたり、局所的な観察から生れた理論の拡大解釈により世界を知ったつもりになるような事態を避けることができるだろう。

# 詳説篇

第Ⅰ章　数値と演算にもとづく有限数学

第Ⅱ章　有限数学を拡張した無限数学

第Ⅲ章　無限数学を図形、座標、時空間へ
　　　　拡張した本数学

第Ⅳ章　本数学を拡張した科学理論

第Ⅴ章　他の原理との比較

# 第Ⅰ章　数値と演算にもとづく有限数学

## 1　理論の正しさを私たちの習得した数学に求める

**理論の哲学の歴史**

　理論の正しさ、原理については古来理論の哲学（形而上学）や数学の哲学の重要なテーマとされて、さまざまな説が提唱されてきた。

　一般的な理論の原理の多くは古来「世界は土、水、火、風から成る」などの「カテゴリー論」の形がとられており、アリストテレスやカントによるカテゴリー論がよく知られている。

　紀元前300年ごろ、「線とは幅のない長さである」などのいくつかの「公理」から理論を構成するユークリッド『原論』が現れた。『原論』は今日「ユークリッド幾何学」ともいわれているが、多くの数値と演算の理論も含まれている。

　さて、ユークリッド『原論』の公理は古くから「真理」とみなされてきたが、19世紀後半に至りユークリッド幾何学とは異なる「非ユークリッド幾何学」が発見されて、「公理とは単なる仮定である。そして公理から得られる理論に矛盾が生じないことが公理の必要十分条件である」と考えられるようになった。

　数値と演算を含む数学理論についても古くから「真理」とみなされてきたが、20世紀初頭には非ユークリッド幾何学と「集合論」の台頭を受けて数学と論理学の原理の公理化が進み、数学の真理性はほとんど過去の概念となった。

### 今日の理論の原理・理論の哲学

　このような歴史を経て到達した今日有力な理論の原理は「理論は言葉により成り立っている。理論の中で数式や論理推論規則は理論を構成するツールとして個別的に用いられている」というもので、数学の原理は上記の公理化された集合論であるとされている。この集合論は言葉の領域を含む論理学の原理ともなっている。このような理論の構造によると、理論の正しさとは単に「理論に矛盾がない」という意味にすぎない。

### それでも理論は正しいのではないか？

　ところで、私たちの多くは数の計算の正解と不正解は明確に区別できると信じている。数値と演算、初歩の数学は時代・地域を越えて正しいとの信念を伴いながらただ一通りに共通的に広く成立・普及してきた。今日の科学は過去のカテゴリー論を超えて世界的に発展、普及しつつある。私たちの多くはこれらの理論についても程度の差はあっても「正しい」との信念を共有できるだろう。

　時代・地域で分たれた人間社会の中でさまざまに成立した言葉とは異なり、なぜ私たちは数の計算や科学理論の正しさを共有できるのだろうか。今日有力な理論の原理によってもこの私たちの理論に対する正しいとの信念生起の理由を説明し切れていないと思われる。

### 理論の正しさの謎を数学本来の姿から解明する試み

　この疑問に答えるために、まず本書では私たちが習得して活用している数値と演算の習得過程を考察して、これにもとづいて数学の成り立ちの解明、原理づけを試みることにする。これに成功すれば、おなじく正しいとの信念をともなう幾何学や科学理論についてもその正しさの由来の解明ができるだろう。

## 2　数学の成り立ちについての考察

### 2.1　類似した言葉と数値の学習法

　言葉と数値との違いが何に由来しているのかをまずは私たちの言葉と数値の教え方、教わり方を思い起こして考えてみよう。

　りんごを示しながら「りんご」、「りんご」と繰り返し教える。みかんを示しながら「みかん」、「みかん」と繰り返し教える。りんごを示して幼児が「りんご」といえば、教え役はおおげさに喜ぶ。すると幼児は夢中になってさらに言葉を習う。言葉の種類は「ぶどう」や「バナナ」に増えて、やがてこれらに共通的に使うことのできる「果物」という言葉も教え教わることができる。

　数値の概念も同様の方法で教えただろう。りんごを並べて順々に指し示し「いち、に、さん、…」や「ひとつとひとつ、合わせてふたつ」などと繰り返し教える。みかんを並べてりんごのときと同様に教える。これを繰り返しているうちにやがて幼児は物に共通する「数」や「たし算」という概念を覚えるだろう。さらに進めば１／２や１／３などの「分数」といわれる数値や「ひき算」も教えることができるだろう。

　手の指を用いて数を数える方法もある。世界各地に１０で桁が繰り上がる１０進数が発達したのは手の指で数を数えたことに由来するとの説は有力である。

　いずれにしても、言葉も数値も繰り返し学習により繰り返し示された物に共通する性質として学習したのであって、言葉も数値も学習法には大きな違いはない。ところが言葉の性質と数値の性質とは大きく異なる。

## 2.2 言葉の多様性

　世界中の言語を分類すると 2000 種をこえるといわれているが、このうちの日本語と英語を比較してみよう。

　日本語と英語とはよく似た意味の単語であっても記述法も発音も異なる。単語と意味が正確に 1 対 1 対応するわけでもない。たとえば「牛」を英語で言おうとすれば「cow、bull、ox、calf」などを使い分ける必要がある。逆に英語の「tuna」を日本語で言おうとすれば「マグロ」か「カツオ」かで悩むことになる。一般的にいえば、人々の対象に対する関心が深くなるほど言葉による対象の分類も細かくなり、一定範囲の対象に対応した名称も増加するのである。

　このほかに、冠詞のあるなし、語尾の変化、文章の中での語順など、言語による違いを挙げだすときりがない。

　このような違いは程度の差はあっても各言語間にもみられることから、言葉、言語については、時代や地域で隔てられたさまざまな人間社会で別々に成立して、その後の独自の変遷も加わりながら、全体が統一されることもなく世界中にさまざまな言語を使用する人間社会・国家が並立しているのだと考えられる。

　「正しい言語」を考え得るとしても、その正しさは一つの言語社会内部の正しさであって、その正しさも社会の変化とともに変化してゆくだろう。このような言語の成り立ちを考えると、時代・地域に普遍的な世界共通語がなかったのは当然といえる。

　これに加えて、ある言語のある言葉をとってみても、他の人と会話を交わすと、その意味は必ずしも一致せず個人ごとにさまざまに異なっていることに気づくだろう。

## 2・3　数値と演算の共通性・整合性・正しさ

### ただ一通りに得られて共通的な数値と演算の意味

　次に、数値と演算の意味について、日本語と英語を例にとり比較してみる。たとえば、「三分の一」と「one third」、「一足す一は二に等しい」と「One plus one equals two」のように用いる言葉は違ってはいるが、その意味は例外なく一致していると考えられる。今日、数学については万国共通の文字と記号によって「1／3」、「1＋1＝2」などと記述することもできる。

　数値と演算の意味が言語により異ならないことと同様に、数値と演算の意味が個人の間でも異ならないことは会話などを通じて容易に確認できるだろう。

　この数値と演算と言葉との違いは、「みかん」「りんご」などの言葉は通常認識の対象を区別分類して「同類・同類の集まり」を指し示すのに対して、数値と演算は言葉が指し示す「類」とは関係なく「みかん」も「りんご」も共通的にもつ量的概念を表しているからだと考えられる。量的概念においては「みかん」の2個も「りんご」の2個も同じ2という量にただ一通りに対応する。ゆえに「みかん」も「りんご」も共通的に1、2、3、1／2、1／3というように計量することができる。また計量された数値の演算も1＋2＝3、1／3＋1／3＝2／3のように共通的に得られる。なおかつこのような数値と演算は学習に用いた物や言葉に影響されずにただ一通りで共通的である。これは数値は言葉で定まる「類」とは関係なく、対象が共通的にもつ量的な性質を表わすからである。

　個数を数えられる物についてはただ一通りに1、2、3、…、と定まる。1未満の個数は分数で表せる。長さについてはたとえば両手を広げた幅を1とすれば（これを「単位」という）、物の長さを共通的に測ることができる。

ただし、個数の単位とは異なり長さや重さの単位はさまざまに考え得るため、社会により異なる。これを国際的に統一するために近年「メートル法」が制定された。

**数値と演算の正しさ**

　以上が、数値と演算が時代・地域で隔てられた多くの社会で個別に成立したとしても、ただ一通りで世界共通である理由と考えられる。なおかつ数値と演算は次々と整合的な数値を生みだし高い実用性をもつ。これが数値と演算、数学が世界に普及した理由だろう。

　さらに「数学」については「数値と演算にもとづいた数値の理論」と考えることができる。なぜならば、古くから知られた「偶数」や「素数」などの数学の理論・用語の意味も世界の人々に共有されており、共通的な理論とは基本的に数値に関する理論と考えられるからである。そしてこのような数学理論は次々と複雑であっても整合的な理論を生み出し知的好奇心を満たす。

　以上の理由により数値と演算、数学が世界に普及したのだろう。数値と演算、数学のこのような性質により私たちはこれが正しいとの信念をいだくのだろう。

　では、この数学の原理について検討する。

# 3　有限数学の構成原理

## 3.1　数学の学習法からその原理を推定する

**原理の記述の必要性**

　私たちは数値と演算の構成法、数学的推理法をすでに習得して用いてい

るが、これが整合的な理論であると説明しようとすればその理論を書き出す必要がある。もしその理論が膨大であれば、その理論の由来元となる原理を取り出して記述する必要があるだろう。なぜならば、何事も記述によって初めて人々に共有されて「学問」とみなされるからだ。

過去に数値と演算、数学が自立した原理から成る理論として認められてこなかった理由としては、このような原理の記述がなかったからか、仮にあったとしても既存の原理の規範に合わないと見られていたと考えられる。

**数値と演算の構成原理**

私たちは数値と演算、数学的推理法などをすでに学習して用いている。このことから、数値と演算の原理については、私たちの学習法にしたがって、$1 + 1 = 2$ などのシンプルないくつかの数値や演算にもとづくと、すべての四則演算とすべての整数値、分数値が得られることを説明できればそれが原理となるだろう。

**数値の性質に整合する論理推論規則**

数学的推理法については、今日では論理推論規則といわれる要素的な思考法が知られているが、これは演算に対する推理法や演算から得られる数の性質と整合的である。論理推論規則は階層的な集合を形成する言葉の構造にも類似するため、その起源を言葉に関連付けることもできるが、どちらにせよ論理推論規則は数学とは無関係に生まれたものではないと推測される。

具体的にいうならば、四則演算により得られる数値のさまざまな関係は推論規則と整合的であり、今日「数の公理的性質」として知られている。

**数学の成り立ち**

この数値と演算法、数学的推理法の相互の整合性に気がついて、さらに私たちも数学理論を思考する際には計算間違いや不整合（矛盾）となる理論の発生の防止に注意していることに気がつけば、私たちが用いている次

の数学的推理法の枠組みが見えてくるだろう。
　　　数学は数値と演算に関する整合的な理論である。新たな理論は、目的とする理論の成立に向けたさまざまな理論的な試行錯誤を経て、数値の関係と整合する理論を選択して得られる。

**数学の起源**

　数値と演算法、数学的推理法などの起源は歴史のかなたにあるが、人々の間で生まれて互いに密接な関係にあるこれらの理論・概念が組み合わされて、このような「数学」といわれる理論が歳月をかけてできあがったとしても不思議ではないだろう。伝統的な数学では、この方法により幾重にも重なった理論の最後に至るまで整合性を保ちながら目的に適った理論が得られてきたのだろう。

**数学の原理の推定**

　以上の考察によると数学の原理の枠組みとは、
　　ⅰ　数値の演算の構成法。
　　ⅱ　数値の演算にもとづいて、目的とする新たな整合的な数値の関係を得る方法。
だろうと推定される。
　次にこのような数学について、その理論の範囲に注目しながら検討してゆく。

## 3.2　有限数学の理論域の検討

**数学の理論域とその内部、外部**

　私たちの習得した数学理論はただ一通りに共通的に解釈できる。それはこの数学理論が基本的に数値と演算に関して推理される理論に限られているからだろう。仮に数学の範囲が不明確だとすると、さまざまな理論・概

念が数学に関連付けられて数学理論がどこまでも拡がり、数学理論の解釈がただ一通りでも共通的でもなくなる恐れがある。

そこでただ一通りで共通的な解釈が得られる数学の理論の範囲を「(数学の) 理論域」ということにする。そして数学理論と数学理論になり得る理論を「(数学の) 内部の理論」、その他一切の理論・概念を「(数学の) 外部の理論・概念」と区分することにする。これによると通常の言葉・文章の大部分は数学外部の理論・概念ということになる。

**得られる見込みの数学の名称**

私たちの習得した数学には図形や時空間の理論も含まれるだろう。そして、この共通的な数学理論は数値と演算の原理に段階的に原理を追加して少しずつ拡張して到達することができるだろう。この各段階に対応する数学理論をあらかじめ次のように名づけておく。

| 理論名 | 理論の略称 | 理論の内容 |
|---|---|---|
| 数値と演算 | 算術 | 記数法を除いた算術の理論。 |
| 有限値の数学 | 有限数学 | 共通的で伝統的な有限値に限られた数学。 |
| 無限値の数学 | 無限数学 | 有限数学に無限値と極限演算を加えた数学。 |
| 図形、座標の数学 | 図形数学 | 無限数学に図形、3次元空間座標の理論を加えた数学。 |
| 本数学 | 本数学 | 図形数学の空間座標に時間軸を加えた数学。私たちが習得した本書の解明目標とする数学。 |

表に書かれた理論の内容は都度検討してゆく。「〇〇数学」に対応した原理は「〇〇数学の原理」と表すことにする。(「有限数学」と「無限数学」は前著 (辻) では「数学∧」と「数学∧ι」と表したものである。この改名に関連して後述のいくつかの用語も改名した)。

次に具体的な理論について数学の理論域に入るか否かを検討しよう。

## 詳説篇

**有限数学**

　有限数学の理論域は演算可能な有限値（非無限の数値）である。この明確な区別は私たちの数学的推理法の枠組みとなっていることを後に説明する。

**数学の理論ではあっても原理ではない記数法**

　今日、アラビア数字を用いた10進法による記数法は世界的に普及しているが、過去にはさまざまな数字や12進法、16進法、60進法などが混在していた。数値を縄の結び目の数や木に刻まれた刻印の数であらわす文化もあったといわれているが、昔に限らず今日でもこれは可能である（一般的にいうと $n$ 種類の数字によれば $n$ 進法が構成できる。このことから結び目の数を用いる方法は1進法の記数法といえる）。さらに記数法に関連して次のような理論がある。

- 個別の整数値を2桁以上の数字で表わす。2桁以上の数字となる固有の数値の演算をおこなう。たとえば $8 + 6 = 14$ には桁の繰り上がりに関する理論がいる。
- 分母分子に公約数を含む分数を既約分数とする。
- 1以上の分数（仮分数）を整数と1未満の分数の和で表わす。
- 分数を小数表記に改める（集合論とは異なり、本数学において分数と小数の違いはただ記数法の違いである）。

　数値の記述には記数法が必要だが、理論の共通部分を原理に選ぶことにして、さまざまに可能な記数法は数学を用いて理論づけられた記号や文字で数値を表す方法（原理から得られる理論）と考えることにする。

　算術には通常記数法が含まれるため、上の表の理論の略称「算術」は正確さよりも概念的な分かりやすさを優先して用いたものである。

　理論域に関連した問題をさらに説明する。

**言葉によって記述可能な数学理論**

　「数学の理論域」という概念によると、「数学外部の理論・概念でその原

第Ⅰ章　数値と演算にもとづく有限数学

理が記述可能か」という疑問が生じるが、これは次のように可能だ。

　　どのような文章、式、記号などであっても、その記述の意味は記述から想起される私たち自身のさまざまな記憶（これに関連した記述やさまざまな経験）にもとづいて定まるだろう（詳しくは第Ⅳ章8節を参照のこと）。これと同様に数学理論の記述から数学理論・原理を読み取るのは数学理論を学習した私たち自身の役割だ。

　　私たちは物や言葉を用いた説明の中から、説明の方法には影響されない数学理論をたとえ無意識的・概念的であったとしても選択的に学習した。私たちは記述された数学理論の原理を読み進むにつれて、記述に用いられた数字、記号などに学習したとおりの数値や演算などの原理的な数学理論が割り当てられて構成されてゆくことを確認できるだろう。

　記述された数学理論は人々の間でただ一通りの共通的な意味をもつ。このことは、この記述を読む人やこの記述の形式や方法である言語、記号、説明の順序などが変わったとしても、記述が適切で読む人が理解可能であれば、個人ごとに確認される意味はただ一通りで共通的だと容易に確認できる。

　幸いにして数学には万国共通の書式があるので原理の記述にはこの書式と日本語を使用することにする。記数法はアラビア数字 $0$、$1$、$2$、$\cdots$、を用いる。

　数学に対する次の見方も重要である。

**ただ整合的につながる数学の理論**

　私たちは子供に数の計算を教えるときによく $1+1=2$ から教え始める。しかし、いざ理論の原理の記述を $1+1=2$ から始めると、「1 や + はどのようにして得られるのか」との疑問が生じる。この疑問に応じて 1 や + の原理を記述しようとすると、他の数値や演算法が必要となるとの出

口のない循環論法に陥る。これを「悪循環」といい何も決まらない。

　また、理論Ａを理論づけるために、理論Ａから導かれた理論を用いることを「論点先取の虚偽」といって避けるべき理論の形とされている。これも１＋１＝２を原理として数値と演算を理論づけようとすると生じる形だ。

　しかし私たちは、「シンプルに１＋１＝２から始めると、どこまでも整合的な数値の理論が構成できるから、１＋１＝２から教えよう」と考えて子供たちに算術を教えただろう。この考え方は「数学理論は原理的な数値と演算を含めてただ整合的に双方向的につながっている」と考えることで得られる。そしてこの考え方は単に悪循環や論点先取の虚偽回避の方法にとどまらず、私たちの心に潜在する数学理論の正しさをいい表しているだろう。

**数学理論の双方向性**

　演算は逆算可能だ（この関係が複雑な無限数列を生じる演算については本章４節以降で検討する）。また、数学には「偶数ならば整数だ」というような１方向性の理論があるが、これは「偶数は整数の値域に含まれている」との値域の大小関係の一つの解釈にすぎない。偶数についての理論であっても、いつでも奇数を加えて整数の理論に戻すことができる。数学理論はただ整合的に双方向的につながっている。

　数学の証明も１方向的だが、これは整合的につながる証明理論を私たちは順々にたどってゆくために、方向性があると錯覚しているのだ。それが証拠に、出発理論も証明された定理も互いに整合的だ。整合的な理論のネットワークの中で一つの定理に対してさまざまな証明方法もあり得るだろう。

　このようなことから、数学理論のつながりはシンプルに整合性のみだと考えることができる。

第 I 章　数値と演算にもとづく有限数学

**証明と因果関係**

　数学の証明では理論を 1 方向的、因果的にたどってゆくが、これは次のように解釈できる。

　　　証明はその理論の作り手が目的とする定理に至る整合的な推理の道筋を順序立てて分かりやすく説明したものである。記述された証明自身はただ整合的につながっている。その証明の読み手は再びその証明の作り手の推理の道筋をたどりながら解釈しているのである。

　以上で数学の理論域に関する基本的な検討を終える。

**本原理とは異なる哲学・思想**

　西洋哲学には伝統的に、「理論の原理は、あるとするとそれは絶対的でなければならない」、「理論の原理はシンプルに言葉で記述されるべきである」との思想が見出される。この思想が影響したのだろう、今日通用すると思われる哲学に限っても本原理とは異なる次のような関連する哲学がある。

　　i　論点先取の虚偽および悪循環となる論理は無効である（たとえばアリストテレス）。
　　ii　理論は言葉とは異なり純粋理性に属し先験的な能力で得られる（カント）。
　　iii　言葉によって言葉を超えた理論は記述できない（たとえば構造言語学）。
　　iv　無限は絶対的である（たとえば集合論）。
　　v　数学の原理の公理は各々が無前提の仮定である（ヒルベルト）。
　　vi　理論や実数は時間概念と不可分である（たとえば計算可能性理論）。

これらについては第 V 章でさらに比較説明することにするが、過去に数学

の原理の記述が得られなかった理由として、上のi～viの哲学が規範となって身動きがとれなかった可能性があるだろう。

**従来の哲学・思想に拘束されない数学の原理**

先に数学理論が数値と演算を原理とすること、言葉で表せること、数学理論のつながりは整合性で足りることを説明した。これによると、数学の原理は上のi～viの理論の規範には拘束されないことになる。

では、具体的に数学の原理を構成する数値と演算算術の原理から記述する。

## 3.3 数値と演算の原理

**数値と加算の原理**

原理1　1は数値であり、数値のなかでも個数・順序の単位である。

原理2　1対の数値に一意的に一つの解が対応する加算、＋を次のように定める。

・$1 + 1 = 2$

・ある数値に1を加算した解は元の数値より大きい。

・解もまた加算可能な数値である。

（説明）原理2を繰り返し適用すると、$1+1=2$、$2+1=3$、$3+1=4$、…、が順次定まる。また$1<2$、$2<3$、$3<4$、…である。不特定の数を$a$と表すと、この関係は$a<a+1$と表せる。

原理3　ある数値を$a$と表す。$a-a=0$により0および減算－を定める。

**0、減算、負値の原理**

原理3　$a-a=0$により0および減算－を定める。

原理4　$0-a=-a$と定める。

(定理) $a - b = a + (-b)$

(証明) $a - b = a + 0 - b = a + (0 - b) = a + (-b)$

(定理) $a + 0 = a$

(証明) $a + 0 = a + (a - a) = a + a - a = (a - a) + a = a$

(定理) $0 < a$ であれば $-a < 0$ である。

(証明) 関係 $0 < a$ の両辺から $a$ を減ずると、$-a < 0$ となる。

(定義) 以上の加算、減算のみから得られる数 a を整数という。$a < 0$ である $a$ の値を負、$a$ を負数、負値という。負でも 0 でもない $a$ の値を正、$a$ を正数、正値という。

(定理) 整数 $a$、$b$ の値が定まると、加算 $a + b$（$b$ が負値の時は減算となる）の解 $c$ は一意的に定まる。

(証明) まず $a$、$b$ が共に 0 または正の場合を証明する。数 $a$ は原理 2 の（説明）により得られる。$a$ が一定値の時、解 $c$ は次の $b$ の数値についての次の再帰的論理により逐一的に求め得る。$b$ が 0 の場合、解 $c$ は $a + 0$ である。$b$ が 1 の場合、解 $c$ は $a + 1$ である。$b$ が 2 の場合、解 $c$ は $a + 2$ である。…。この再帰的論理により解 $c$ は $b$ の値 $0$、$1$、$2$、$3$、… に対して一意的に定まる。

　$a$、$b$ が共に 0 または負の場合、$-a = a'$、$-b = b'$ とおくと、$a'$、$b'$ は 0 または正となり、上の証明が適用されて解 $c'$ が得られる。解 $c$ は $-c'$ である。

　残る $a$、$b$ どちらかが負の場合は、$a > 0$、$b < 0$ に限ってよい。$b$ が $-1$ ならば、解 $c$ は $a - 1$ である。$b$ が $-2$ ならば、解 $c$ は $a - 2$ である。…。この再帰的論理の途中で解 $c$ が 0 に到達したならば、それ以降の解 $c$ は $-1$、$-2$、… とつづ

ける。これにより、解 $c$ は一意的に得られる。なお、負値 $-1$、$-2$、… が得られることは原理2から直接的にも確認できる。

**乗算、除算の原理**

原理5　(0に) $a$ を $b$ 回 ($b$ 個) 加える演算を乗算「$a \times b = c$」と定める。ただし1は個数の単位だから、$a \times 1 = a$ である。

（説明）$a$ を一定値とすると、各回の加算の解は定まるため、各 $b$ に対する乗算の解 $c$ も定まる。$b < 0$ の場合は、$b' = -b$ とおくと、ⅰの規定は「0から数 $a$ を $b'$ 回減じる演算」となる。

$a \times 1 = a$ により、1が回数、個数の単位であることが規定されると考えてもよい。

原理6　1を $d$ 等分する除算を $1/d = e$、ただし $d = 0$ は除く、と定める。

（定理）$a \times (1/d) = a/d$

（証明）$a \times (1/d) = (a \times 1)/d = a/d$

（定義）$a$、$d$ が整数のとき、$a/d$ との表示を分数という。$a$ を分子、$d$ を分母という。

以上の原理によると、与えられた二つの整数どうしの四則演算 $+$、$-$、$\times$、$/$ によりその解が一意的に得られることになる。

**分数どうしの四則演算**

四則演算の対象は整数には限られない。次に以上の原理によると二つの分数どうしの四則演算の解が一意的に得られることを説明する。

（乗算の定理）$(a/b) \times (c/d) = (a \times c)/(b \times d)$

（証明）$(a/b) \times (c/d) = (a \times (1/b)) \times (c \times (1/d))$
$= (a \times c) \times (1/b) \times (1/d) = (a \times c)/(b \times d)$

（除算の定理）$(a \times b)/(a \times c) = b/c$

（証明）$(a \times b)/(a \times c) = (a/a) \times (b/c) = b/c$

（除算の定理）$(a/b)/(c/d) = (a \times d)/(b \times c)$

(証明) $(a / b) / (c / d)$
　　$= b \times d \times (a / b) / (b \times d \times (c / d))$
　　$= (a \times d) / (b \times c)$
(加減算の定理) $a / b + c / d = (a \times d + c \times b) / (b \times d)$
(証明) $a / b + c / d = a \times d / (b \times d) + c \times b / (d \times b)$
　　$= (a \times d + c \times b) / (b \times d)$

　以上により、主に数記号で表されて整数、分数の形からなる任意の数値が四則演算規則により相互的に関係づけられた。これが求めようとした数値と四則演算算術の原理である。

　算術の原理の記述法は言語などにより異なってくるが、言語などによらず記述から得られる意味はただ一通りで共通的と考えられる。

　原理に併記した説明はここまでの原理だけでは得られない。この説明はこの後説明する原理である数学的推理法を用いている。このように書くと論点先取の虚偽が思い浮かぶが、これは原理の記述途上の問題にすぎないことは先に説明したとおりである。

　数値と演算の理論は、
　　　整数または分数の形で得られるどのような二つの数値 $a$、$b$ に対しても、四則演算により一意的な解 $c$ が得られる。すべての数値は演算の関係と数値の大小の関係において整合的な関係をもつ。
との一系の整合的な理論である。この理論は記数法をもたないため、極度にシンプルで抽象的な数値に関する理論となっている。

**記数法の理論**

　上の原理だけでは数値を書き表わすことも、仮分数を真分数にすることもできない。そこで私たちの習得した「算術」に含まれる仮分数を整数＋真分数に改める方法と、任意の数値を10進数のアラビア数字で表記する方法を「数学」の記述法で記述してみる。

## 仮分数から整数＋真分数への変換

（定理）$a$、$b$、$c$、$d$ を正の整数とする。$a／b≧1$ の時、$a／b$ は $c+d／b$ と表せる。ただし $c≧1$、$d／b<1$ である。

（証明）上の条件から $a／b = 1+(a-b)／b$ と表せる。$(a-b)／b<1$ であれば証明は終了した。$(a-b)／b≧1$ の時、$a／b = 2+(a-2×b)／b$ と表せる。$(a-2×b)／b<1$ であれば証明は終了した。…。$a$ が一定値であればこの再帰的論理は必ず終了するため、証明は成立する。

（定義）上の関係 $a／b = c+d／b$ を $a／b=(c\,剰余\,d)$ とも表す。

## 整数の10進数表記

（定義）整数の数値を表わす数字として0から昇順に、1、2、3、4、5、6、7、8、9を定める。

（定理）正の整数値 $a$ は次の演算式の係数を一意的に定める。

$a = d_0 + d_1×10^1 + d_2×10^2…$（ただし $d_0$、$d_1$、$d_2$、…は0から9の値）

（証明）$a／10 = (a_0\,剰余\,d_0)$ を求める。$a_0=0$ の時、$a=d_0$ である。$a_0>0$ の時、$a_0／10 = (a_1\,剰余\,d_1)$ を求める。$a_1=0$ の時、$a = d_0 + d_1×10^1$ である。$a_1>0$ の時、$a_1／10=(a_2\,剰余\,d_2)$ を求める。$a_2=0$ の時、$a = d_0 + d_1×10^1 + d_2×10^2$ である。…。この再帰的論理で得られる数列 $a$、$a_1$、$a_2$、… は公比9／10の等比数列と同等かそれ以上の減少率の整数の単調減少数列だから、0に収束して再帰的論理は終了し、$a$ を解とする上の演算式が確定する。

（定義）得られた上の演算式の係数値を、「…$d_2d_1d_0$」と並べて記述して、これを整数の10進数表記という。

第 I 章 数値と演算にもとづく有限数学

**分数の小数表記**

（定理）分数 $a/b$（ただし $a/b < 1$）の数値は次の演算式の係数を一意的に定める。

$a/b = d_1 \times 10^{-1} + d_2 \times 10^{-2} \cdots$（ただし $d_1$、$d_2$、… は 0 から 9 の値）

（証明）$(10 \times a)/b = (a_1\,剰余\,d_1)$ を求める。$a_1 = 0$ であれば、$a/b = d_1 \times 10^{-1}$ となり、$d_2$ 以降は 0 である。$a_1 > 0$ の時、$(a_1 \times 10)/b = (a_2\,剰余\,d_2)$ を求める。$a_2 = 0$ であれば、$a/b = d_1 \times 0^{-1} + d_2 \times 10^{-2}$ である。…。この再帰的論理により分数 $a/b$（ただし $a/b < 1$）の値に対応した上の演算式の係数が一意的に求められる。ただし、この再帰的論理は限りなくつづく場合もある（この問題は第 II 章で解明する）。

（定義）得られた上の演算式の係数値を「$0.d_1d_2d_3\cdots$」と並べて記述して、これを 10 進数の小数表記という。

（定理）10 進数表記された整数、（無限小数列を除く）小数列には四則演算が適用可能である。

（証明）上の記数法は逆算可能であるため、10 進数の数字列で記述された整数、小数は、元の数 $a$ または $a/b$ とみなすことができて、$a$、$b$ などで記述された四則演算が適用される（無限小数列の問題は第 II 章で解明する）。

以上の記数法が加わったことで数値と四則演算の理論域は次のように拡張される。

10 進数で定めたどのような二つの数値および演算＋、－、×、／に対しても、10 進数の分数または小数による一意的な解が得られる。すべての演算元の数とその解は 10 進数表記および数値において互いに整合的な関係をもつ。

これが 10 進数を用いた算術の原理であり、算術も多くの初歩的な数学

の理論で支えられていることが分かる。

**数値と演算を数学の原理と考える理由**

　原理3以降について、原理1〜2から定義などで得られるため、原理ではなく理論と考えることもできるが、ここでは四則演算法のすべてを原理とみなす。これは3.2節の予察にもとづいたものだが、さらにこれは四則演算法にもとづいて数の概念が整数、分数、0、負数、そして虚数と拡張されてきた数の歴史にも沿っている。

　正の整数・分数とそれを生みだす四則演算はいくつかの古くからの文明で共通的に知られており、算術の原理の起源は歴史のかなたにある。一方、原理ではないとした記数法は世界中に異なった方法が知られてきた。

　0、負数の概念が知られなかった時代の算術とは、原理3の $a-a=0$ を $a-a=$「無」とみなして、算術の原理から0と負数の理論をすべて除外したものだったと想像することができる。正の数値を負の数値に拡張しようとすれば、まず両者を結ぶ0を「無」ではなく「数値」であると認識する必要がある。0と負数が認められて、数値と演算の理論の一律性、利便性は格段に改善された。

　小数は16世紀末ごろオリエントから西洋へ伝わり、分数とは異なる計算に便利な記数法として普及した。

　虚数は多次元の代数方程式の解の存在を一律的に説明するために導入された。

**虚数と四元数の原理**

　虚数や四元数が知られたのは比較的新しく、ここまでは説明の簡明さを優先してこの理論には言及しなかったが、この原理は数値と演算の原理から直接的に得られる新たな数概念であるため、この理論を算術の原理と同列の原理として追加しておく。四元数の理論については、第III章において時空間概念と関連させてさらに説明する。

原理8　演算関係 $i \times i = j \times j = k \times k = i \times j \times k = -1$ により数 $i$、$j$、$k$ を定める。

(定義) この数の体系を「四元数 (の理論)」という。特に $i$ ($i \times i = -1$) を「虚数」といい、虚数を含む数の体系を「複素数 (の理論)」という。虚数に対して元の数を「実 (の) 数」という。

**数の公理的な性質とその解釈**

さて、このようにして得られた (得られる) 算術の数値に対する基本的性質を次にリストアップする。この性質は今日、「数の公理的な性質」(たとえば日本数学会 852-3) として知られている。

主な数の基本的性質

全順序性：数 $a$、$b$ に対して $a = b$、$a < b$、$a > b$ のいずれかが成立する。

推移法則：$a \leq b$ かつ $b \leq c$ ならば $a \leq c$

順序と算法：$a \leq b$ ならば $a + c \leq b + c$

四則演算：数 $a$ と $b$ の間には、$a / 0$ の場合を除き四則演算が可能である。

$0$ の存在：$a + 0 = a$、$a \times 0 = 0$

$1$ の存在：$a \times 1 = a$、$a / 1 = a$

加算の可換法則：$a + b = b + a$

加算の結合法則：$(a + b) + c = a + (b + c)$

乗算の可換法則：$a \times b = b \times a$

乗算の結合法則：$(a \times b) \times c = a \times (b \times c)$

乗算の分配法則：$(a + b) \times c = a \times c + b \times c$

(数の基本的性質とされている「実数の稠密性と連続性」と無理数の問題については第Ⅱ章で検討・説明する)

上のリストの「四則演算」以降の基本的性質は数値と演算の原理とし

詳説篇

て得られた演算規則そのものか、演算規則から容易に導かれる法則である。前半の、数 $a$、$b$、$c$ の大小関係の性質についても、

> 任意の値 $a$、$b$ などに至る整数、分数の値は 1 から順次演算の繰り返しや再帰的な論理で定めることができる。数値の大小関係についても、数値の決定と並行してその大小を決定することができる。これが数 $a$、$b$、$c$ の大小関係の証明となる。

と考えることができよう。つまり、「数の公理的な性質」とは、四則演算にもとづいて数値が構成されることで数値に必然的に備わる性質であり、この性質は次に説明する数学理論により証明可能なのである。これは整合的な理論どうしは互いに証明可能だからである。

つづいて、数学の理論とそこに含まれている論理推論規則類について検討する。

## 3.4　数学的推理と論理推論規則

### 推理の道筋

私たちは「証明」といわれる理論を目で追いかけながらそれが正しく「定理」へつながっている道筋であることを理解できる。またある目的にかなった数値に関する新たな定理について、試行錯誤を重ねた後に、既知の理論から新たな定理へ整合的につながる道筋を見出すことができる。

このように構成された整合的な推理の道筋は「アルゴリズム」ともいわれて、いくつかの「論理推論規則」といわれている要素に分解できることが知られている（たとえば、日本数学会 巻頭表 14, 393）。その主なものを次に示す。

第 I 章　数値と演算にもとづく有限数学

**論理推論規則**

  論理規則と記号

  全称記号：すべての $a$ に対して：$\forall a$

  存在記号：$a$ は成立する：$\exists a$

  命題論理と記号

    $a$ と $b$ とは同等：$a = b$

    $a$ ではない：$\neg a$

    $a$ および $b$：$a \wedge b$

    $a$ または $b$：$a \vee b$

    $a$ ならば $b$：$a \rightarrow b$

  推論規則

    反射律：$\{(a \rightarrow b) \wedge (b \rightarrow a)\} \rightarrow (a = b)$

    推移律：$\{(a \rightarrow b) \wedge (b \rightarrow c)\} \rightarrow (a \rightarrow c)$

    排中律：$a \rightarrow (b \vee \neg b)$

これら規則の数学理論での役割をリスト順に説明する。

**全称記号、存在記号**

 全称記号、存在記号は整合的な数値の理論の関係を推理、証明の形で記述する。

 $\forall a$ は「理論 $a$ の任意のまたはすべての数値に」との推理を表す。$a$ が限りなくつづく再帰的論理により定義されている時、「$a$ の定義される限りにおいて」と解釈される。

 $\exists b$ は「理論 $b$ は存在（成立）する」との、$b$ が整合的であることの推理を表す。

 2つの論理記号を $\forall a \exists b \; \alpha$ と組み合わせると、「理論 $\alpha$ によると、$a$ の任意の数値に対して $b$ は成立する」との推理を表す。これは「理論 $\alpha$ は $a \subseteq b$ と整合的である」との理論の整合的な関係を推理、証明の形で表し

たものである。数学理論どうしは整合性でつながるため、これらは原理ではなく理論の一つの説明法、解釈と考えた方がよいだろう。

**命題論理と記号**

＝は同等の数値、値域、およびその理論、定義を整合的につなぐ

否定￢については、数学の理論域との関連が複雑となるため次の節で説明する。

∧、∨、→は、二つの数値、値域、数列などの理論の上の説明どおりの関係を表わす。

**論理推論規則と数の公理的な性質との整合性**

これら理論記号と推論規則については、先に説明した数の公理的な性質と整合的な関係として求めることができる。たとえば反射律、

$$\{(a \rightarrow b) \land (b \rightarrow a)\} \rightarrow (a = b)$$

は数値の大小の関係、

$$a \leqq b かつ b \leqq a ならば a = b$$

と整合的で、さらにこの $a$、$b$ を数の値域、この値域に含まれる数集合と考えると、

$$a \subseteq b かつ b \subseteq a ならば a \Leftrightarrow b$$

と整合的である。さらに推移律、

$$\{(a \rightarrow b) \land (b \rightarrow c)\} \rightarrow (a \rightarrow c)$$

は、数値の大小の関係、

$$a \leqq b かつ b \leqq c ならば a \leqq c$$

と整合的で、さらにこの $a$、$b$、$c$ を値域、この値域に含まれる数集合と考えると、

$$a \subseteq b かつ b \subseteq c ならば a \subseteq c$$

と整合的である。

排中律も同様に二つの数値、値域、この数集合の関係と整合的である。

数の演算は＝で結ばれた理論を構成するが、これらの規則によると異なる数値の大きさや値域の大きさが比較できて、これは→で結ばれた１方向的な理論とも解釈できる。

　⇔、⊆、∪、∈などの記号は、数の値域、数集合の関係を表す便利な記号である。しかし、

- 　・数の値域、数集合は数学の原理ではなく理論として得られる。
- 　・これらの記号は数学理論として定義可能である。

との理由により、原理とはいえないだろう

**一系の整合的な数学理論**

　以上のことから、数値と演算に親しんだ人々の間で数値の関係の演繹・一般化ともみなせる論理推論規則が含まれた数学的推理法が知らず知らずのうちに生まれて、これと数値と演算が組み合わされて「数学」が生まれたとしても不思議ではないだろう。さらにこのような構造をもつ数学理論とは、数値と演算で始まる一系の整合的な理論ということができるだろう。

　以上の論理推論規則とその記号によると、数学理論を言葉ではなく記号で記述することもできる。しかし数値と演算子の関係とは違い、自由に論理記号、推論規則を次々とつないでも整合的な理論が得られるとは限らず、論理推論規則による記述が整合的な数学理論か否かの判断は数学的推理法にもとづく必要がある。

　では次にさまざまな数学理論とその理論域の関係を具体的に説明する。

## 3.5　整合的な理論の選択的構成

**理論の構成の可能性とその取捨選択**

　算術の原理と得られる数値の関係に論理推論規則を適用すると試行錯誤的にさまざまな理論・概念が得られる。私たちはこの中から「数値と演

算の関係に整合して目的に適った理論」を選択して数学の理論を構成している。

　この整合的な理論の選択の方法は、得られる理論・概念を次のようなA～Fの項目に分けて考えると分かりやすい。

　　A　算術および算術を肯定する理論。さらにこれを肯定する数値の関係についての理論。たとえば、
　　　・$1 + 2 = 3$。$1 + 2 = 3$ は正しい。
　　　・$a(b + c) = ab + ac$。$a(b + c) = ab + ac$ は正しい。
　　　・$a < a + 1$
　　　・2の倍数を偶数と定義する。
　　　・偶数どうしの和は偶数である。
　　　・素数は奇数である。
　　　・数値は限りなく大きくなり得る。
　　　　私たちはこのような理論を正しい数学理論と考える。そこでこれを「直接の理論」と名づけて、数学の理論とする。
　　B　Aの理論を直接否定する理論。たとえば、
　　　・$1 + 2 \neq 3$。$1 + 2 = 3$ は誤りである。
　　　・$a(b + c) \neq ab + ac$。$a(b + c) = ab + ac$ は誤りである。
　　　・$a < a + 1$ ではない。
　　　・偶数どうしの和は偶数とはならない。
　　　・素数は奇数ではない。
　　　・数値は限りなく大きくなり得ない。
　　　　私たちはこのような理論は誤った数学理論と考える。本書の数学理論でもない。
　　C　Bに該当する理論を含んでいても、二重否定や背理法のように、さらにこれを否定してAの理論と同等の結果となる理論。たとえ

ば、

- ・1 ＋ 2 ≠ 3 は誤りである。
- ・「1 ＋ 2 ＝ 3 は誤り」との理論は誤りである。
- ・「偶数どうしの和は偶数とはならない」は誤りである。
- ・「1 ＋ 2 ＝ 4 は正しい」と仮定すると、この仮定は算術「1 ＋ 2 ＝ 3」と一致しないので、この仮定は誤りである。

Aの理論は、このように２重の否定により、否定は打ち消されて元の正しい理論へ戻る。そこでこれを「帰還の理論」と名づけて、本書の数学の理論とする。

D　B以外の、算術、数学と一致しない広く数値に関する肯定的な理論。たとえば、

- ・1 ＋ 2 ＝ 4。$a(b+c) = ab + c$ などのいわゆる計算間違い。
- ・2 ＞ 3、$a = a + 1$、$a > a + 1$ など。
- ・数値には最大値を定めることができる。
- ・奇数は必ず素数である。
- ・$\sqrt{2}$ は（有限の）分数で表わすことができる。

私たちはこのような理論は誤った数学理論と考える。本書の数学理論でもない。

E　Dを否定する理論。たとえば、

- ・1 ＋ 2 ＝ 4 は誤りである。1 ＋ 2 ≠ 4。
- ・「1 ＋ 2 ＝ 4 は正しい」は誤りである。
- ・$a = a + 1$ は誤りである。
- ・数値の最大値を定めることはできない。
- ・奇数は素数とは限らない。
- ・$\sqrt{2}$ は分数では表わせない。

このような理論は直接の理論でも帰還の理論でもない。しか

し私たちはこのような理論は背理法を用いて証明可能であり正しいと考える。このような理論は数学と一致しない数値に関する理論Dを正しい数学理論に依存して否定して数学の理論としている。そこでこれを「（数学）依存の理論」と名付けて数学の理論とする。

F　A～Eに該当しないその他の理論・概念。たとえば、

・再帰的論理の帰結に関する理論、無限論。

・可算無限、無限小などの、確定した有限値、限りなく大きくなる（小さくなる）有限値とは異なる数に関する理論、概念。

・「偶数は矛盾している」、「1億は大きい」など論理推論規則をでたらめに組んで得られる数の性質には含まれない理論。

・「整数は神から賜った。その他の数は人間が作ったものである（数学者クロネッカーの言葉）」、「7は幸運の数である」、「数学は世界に共通する」などの数以外の理論・概念（神、賜る、人間、幸運、世界）を含むもの。

これらは原理1～8からは得られない。さらにこれらは人々に共通的な理論でもないため数学理論から除外する。

## 有限数学の理論域と伝統的な数学の理論域の関係

以上のA、C、E、の理論を数学の理論と判断することで、伝統的な数学に含まれている有限数学の理論域の理論が得られることになる。

なお上のBとDの分類については必ずしも明確に区分できない理論・概念もある。しかし、それぞれを否定する理論は「帰還の理論」か「依存の理論」かの違いはあるが、ともに数学理論となるため理論域に影響しない。理論の解釈に幅があることを示していると考えればよい。

伝統的な数学の理論では、Fに分類したさまざまな理論・概念について、数学の理論か否かの判断が困難なものが見受けられる。これは伝統的な数

学においてその原理とその理論域が明示的ではなかったためだろう。しかしながら、伝統的な数学では大枠として構成される可能性のある理論について、

  ⅰ 数学とは有限値の数に関する整合的な理論である。
  ⅱ 再帰的論理により得られる数はどこまでも有限値である。再帰的論理は完遂できないがゆえにその帰結は数学理論としてあり得ない。

との二つの、潜在的ではあっても常識的な理論の選択原理が働き、これが伝統的な数学の理論の範囲を大枠として有限値の数に関する整合的な理論に維持してきたと推定することができる。

 次に背理法の観点からこの数学の理論をさらに考察してゆく。

## 3.6　背理法と得られた理論の理論

 背理法を含む証明概念を数学の理論域にもとづいて改めて考えてみよう。
 直接の理論は肯定的理論で構成された理論であるため、その証明は理論に至る肯定的な1本の道筋を示せばよい。ところがこれについても理論を仮定とみなして、次のように排中律を含む背理法を用いて記述すると、一つの証明理論が得られる。

  「$1+2=3$」を証明すべき理論とする。$1+2=3$ は正しいか、誤りかのどちらかである。「$1+2=3$ は誤り」と仮定すると、この仮定は算術 $1+2=3$ と矛盾する。ゆえに $1+2=3$ が正しいことが証明された。

 この証明での「$1+2=3$ は誤り」との理論は、数学外部となる理論である。しかし、この証明結果は正しいため証明全体は帰還の理論と分類した数学理論である。

詳説篇

　　　演算で得られる数の関係には否定形がないため、否定形を含む理論が正しいとの証明には、背理法が必要となる。
　　　　「1 + 2 ≠ 4」を証明すべき理論とする。1 + 2 ≠ 4 は正しいか、誤りかのどちらかである。1 + 2 ≠ 4 を誤りと仮定すると、1 + 2 = 4 となる。この仮定は、算術から得られる数の関係 1 + 2 = 3 とは矛盾する。ゆえに 1 + 2 ≠ 4 は正しいことが証明された。
　この証明に用いた 1 + 2 ≠ 4 も 1 + 2 = 4 も単独では数学外部の理論だが、この証明結果は算術と整合する依存の理論となっている。

**有限数学が有限値の数学であることの確認**
　ところで、有限数学内部では問題とはならないが、どのような証明であっても、任意の値 $a$ についてのある理論を証明した場合、その証明の有効な $a$ の値域は原則的に有限値であることに注意する必要がある。
　有限値の最大値についての理論でこれを説明する。
　　　　有限値には限りなく大きい値が得られる。なぜならばどのように大きい有限値 $m$ をとってもそれより大きい有限値 $m + 1$ が得られるからである。
これは「直接の理論」である。これに背理法を用いると、次の「依存の理論」が得られる。
　　　　有限値には最大値があるかないかのどちらかである。最大値があると仮定してその値を $m$ とすると、$m$ より大きい有限値 $m + 1$ が得られる。これは $m$ が最大値であるとの仮定と矛盾する。よって、仮定は否定されて有限値には最大値はない。
　このどちらの証明にも、$m < m + 1$ との、有限値の演算と数の関係が用いられている。このため、これらの証明は、有限の値域において有効である。

第Ⅰ章　数値と演算にもとづく有限数学

## 無理数が分数では表せないことの証明—有限数学依存の理論

　有限数学依存の理論のもう一つの例として、ユークリッドの時代にすでに知られていた伝統的な数学の理論である「分数では無理数は表わせない」との理論の今日的な証明（Boyer 72-3）を紹介する。

　$\sqrt{2}$は既約分数で表せるか表せないかのどちらかである。

　この値$\sqrt{2}$が既約分数$a/b$で表せると仮定して、

$$\sqrt{2} = a/b$$

とおく。

　両辺を2乗して、さらに両辺に$b^2$を乗ずると、

$$2 \times b^2 = a^2$$

$2 \times b^2$は偶数である。2乗して偶数となる整数$a$は必ず偶数であるため、$a = 2c$とおける。

　すると、

$$2 \times b^2 = (2 \times c)^2 = 4 \times c^2$$

両辺を2で割ると、

$$b^2 = 2 \times c^2$$

これより$b$も偶数でなければならない。これは$a/b$を既約分数とした最初の仮定と矛盾するため、仮定は否定されて、$\sqrt{2}$は既約分数$a/b$では表せない。

　この証明の結果は、「分数では$\sqrt{2}$は表せない」と否定的となっているゆえに、有限数学依存の理論となる。

　この証明にも有限値に対して有効な推論規則や演算が用いられており、「分数では無理数は表わせない」との理論は、分母、分子が有限の値域において有効な理論であることに留意しておいてほしい。

## 分数と小数の同等性

　これに関連することは第Ⅱ章4節でさらに検討するが、有限値の理論に

101

詳説篇

限っていうならば、小数点以下 $n$ 桁の 10 進数小数列は、その小数列から小数点を除いて整数としたものを分子として、$10^n$ を分母とした分数で表すことができるため、有限値である限りどこまでも 1 対 1 対応した小数と分数に上の証明は対等に適用される。つまり、有限値からなる分数も有限長の小数もともに無理数は表せないのである。

有限長の小数で無理数が表わせないことの証明はシンプルである。

> 仮に無理数が $n$ 桁の有限長の小数で表わされたと仮定する。しかしながら $n$ 桁の 10 進数の小数は必ず $m / 10^n$ の形の分数で表わされる。これは「分数では無理数は表わされない」との上の証明に矛盾する。したがって仮定は成立せず、無理数は有限長の小数では表せない。

**無限小数列は循環するか否か**

さらにこれに関連するが、「無限小数列自体からは有理数と無理数は区別できない」ことを説明し確認する。

> 無限小数列の上位から十分長い $n$ 桁の小数列により循環小数と判定したとしても、その循環の関係は $n + 1$ 桁目の数で否定される可能性がある。また、上位から十分長い $n$ 桁の小数列により非循環小数と判定したとしても、$n$ 桁目以降の小数列がこの $n$ 桁の小数列を周期とする循環小数であるかも知れない。このため、無限小数列の有限長部分（十分長い $n$ 桁の小数列）からは有理数と無理数とを区分することはできない。

ここまでに頻繁に出てくる限りなくつづく再帰的論理については、第 II 章で主要テーマとしてとりあげるが、その前に有限数学で得られる理論についてまとめることにする。

第Ⅰ章　数値と演算にもとづく有限数学

## 3.7　有限数学で構成される理論の多様性

　改めて数値と演算および数学的推理からなる数学理論について考察してみよう。

**同等＝の関係からなる理論の基本構造**

　四則演算式 $a \blacksquare b = c$（$\blacksquare$ は、＋、－、×、／のいずれかの演算子）において、等号＝は同一の数値を結ぶ役割を担っている。最もシンプルな同等の関係、$a = a$ には特に理論を見出すことは困難だが、演算式 $a \blacksquare b = c$ によると「演算 $a \blacksquare b$ により解 $c$ が得られる」との新たな理論を見出すことができる。

　Aをある理論・概念として、A＝Aの関係は「同語反復」ともいわれているが、演算式はもちろんのことこの数学において直接的に得られる理論は同語反復であり、私たちはその中から「数学理論」であることの「意味」を見い出しているといえるだろう（A≠Bの関係もA＝（¬B）と＝で表せる）。このシンプルな基本構造が私たちに「数学の理論は整合的で正しい」との判断、信念を生起させていると考えられる。

**数学理論どうしの比較による１方向的な理論の生成**

　定義などの方法によると二つの数値、値域、理論どうしを比較する理論も可能となる。

　＝の関係でどこまでもつながった理論を縦糸とすれば、同等ではない二つの理論の比較は自由に結ぶことのできる横糸とみなせるため、これを特に「比較の理論」といって区別した方が数学理論の構造が分かりやすくなるだろう。

　比較の理論では、二つの理論の関係には方向性を生じて、その関係を表す記号＜、⊂なども方向性をもつ。しかし、この方向性は大小関係や値域の違いにより生ずる方向性であるため、原因と結果、原理と理論、時間の

前後などに関係する因果律はここでも必要としない。

**数学理論は構成的に増殖して複雑化する**

数学の数値も理論も次の例のように再帰的に限りなくつづく。

i どのように大きい数値 $n$ をとっても、$n+1$ もまた数値である。

ii ある理論が整合的ならば、常にこれにもとづいて新たに整合的な理論が構成される可能性がある。

数学理論はこのように構成的に増殖させることができて、この性質により少数の原理から次々と新たな理論が得られる。得られた理論はたとえ同語反復的であっても、そこから新たな意味を見出すことができる。さらに数学の一つの理論に対してさまざまな依存の理論を考え出すことができるし、異なる数値、値域の理論が得られればこれに対して比較の理論を考え出すことができる。

このような数学理論については、ここではとうてい語りつくせない伝統的な数学理論による蓄積がある。そこで、この有限数学で構成できて伝統的な数学理論となっている主な理論類をあげてその説明を終える。

i 証明概念、数や理論の分類から生まれた有限値の集合概念、およびその記号を用いた理論の記述。たとえば、先に有限数学の原理の説明、証明として用いた理論も、有限数学で構成可能な理論である。

ii 定義の方法や関数を用いると数値の範囲、値域が定義されて、これを有限値の集合とみなすことができる。そして、数値に対する論理推論規則を用いて、数集合に対する論理記号 $\subset$、$\in$、$\cap$、$\cup$、などが定義できる。

iii 関数の理論。関数 $f$ は $a = f(b)$ と記述され、「理論 $f$ によると $b$ から $a$ が得られる」と解釈される。$a$、$b$ は有限値の数集合であってもよい。またこの逆の関係を表わす逆関数 $b = f^{-1}(a)$ が定

義されて、これによると無理数$\sqrt{2}$などの新たな数概念や代数方程式なども定義される。なお、無理数の小数表記に伴う未完成さについては第Ⅱ章で検討する。

**数学の理論の構造の特徴**

以上の数学の理論の構造の特徴を簡単にいうと、

> 数値と演算とこれと整合的な数学的推理法により原理が構成されて、そこから数学の数値と演算に整合的な理論がどこまでも構成される。

との高度にシンプルな一系の整合的な理論であるといえよう。

数学理論が普及した理由についてはその実用性とともに、シンプルで整合的な理論の構造から次々と知的好奇心を満たす複雑な理論が得られることもあっただろう。

**有限数学の原理8**

ここまで説明した数学理論の構成法を原理として簡潔にいい表すとすれば、

原理8　数値と演算に関する理論を構成する数学的推理法。

ということになる。原理8を詳しく見れば、数学理論を構成する論理推論規則とその用法を規制する本章3．5節の整合的な理論の選択方法となる。なお、数学理論を構成するためにはその目的も重要である。以上で有限数学の原理ができあがった。

**未完成にみえる有限数学の理論**

以上の有限数学では、数値と理論は構成的に次々と得られると考えられて、得られた理論には何も矛盾は内在しないために、有限数学は「整合的な有限値の数学」と考えることができるだろう。しかしながら、以上の有限数学で定義される無限数列は再帰的論理により限りなくつづくため、有限数学の理論や数値は未完成ともみなせる。

詳説篇

　歴史的にみれば、伝統的な数学でのこの問題の顕在化が集合論生起の一因となった。そこで有限数学をめぐる歴史上の問題を次に説明する。

# 4　有限数学をめぐる難問の歴史

## 4.1　数の不可思議な性質

　数学の歴史を調べてみると、古くから数を理論とは独立した存在とみなすことで難問が生じていたことが分かる。これについて説明しよう。

**アルキメデスの公理**

　数は確定した値を表わすが、その値は正の値に限っても限りなく小さくできるし、限りなく大きくもできる。紀元前200年ごろに現れた次の「アルキメデスの公理」はこの不可思議さをいい表したものだろう。

　　　　大小二つの量があるとき、どのような少量であっても何倍かすると大の量を超える。

　これを数学の形で書くと、

　　　　$a$、$b$を正の数とすれば、$a$をどのように小さく$b$をどのように大きくとっても$b < n \times a$となる自然数$n$が存在する。

**実数の稠密性**

　次の実数の性質は「有理数の稠密性」といわれている。

　　　　どのように接近した2数$a$、$b$であってもその間に第3の数$c$が定義できる。

　これをさらに広げると、

　　　　確定した異なる二つの値の間を連続的に埋めようとすると無限個の数が必要となる。ところが定義できる実数の数は有限個である。

との実数の不可思議な性質が生まれる。数値の定義・演算に先立って数・数値が存在すると考えるとこの見方は常識的であり、実数のこの矛盾的な性質が古くから哲学者・数学者を悩ましつづけてきた。

一方、本書の数学ではこれらの問題をただシンプルに「どこまでも演算により得られる実数の性質」と考えればよく、すると不可思議な性質は不可思議ではなくなるだろう。

**数直線上に数は個々に存在するのか**

長さ 1 の数直線を 2 等分したとする。すると分割点の数 0.5 はどちらの線分に属するのだろうか。

この疑問に答える形で、今日の数学では分割点の数はどちらかの線分に属するとされている。数 0.5 が 0 からつづく線分に属するときは、この線分は「0 から 0.5 の閉区間を作る」といい、数 0.5 がこの線分に属さないときは、この線分は「0 で閉じて 0.5 で開いた区間を作る」という。

しかし本書の数学ではまさに 0.5 の位置で数直線を分割する理論が成立する。すると数 0.5 が二つの線分に分離されるとの不思議な事態が生じるように見えるが、0.5 は一つの数というよりも数直線の長さ・位置を表すと考えると、分割により 0.5 の位置で始まる線分が生まれると考えられるため不思議ではないだろう。このことは第Ⅲ章でさらに説明する。

結局、以上の歴史的に議論されてきた数に関する不可思議さは数を独立的・実体的な概念とみなすことで生じるのであって、数値を定める演算などの定義により数は生じると考えれば解決できることが分かる。

しかし、次の無限に関する難問は有限数学でも解決できないようにみえる。

## 4.2 理論が限りなくつづくゆえの難問

有限数学では、1／3 ＝ 0.333…のように無限数列となる限りなく繰り返される理論（再帰的論理）が生じて、再帰的論理は終了しないため、その値は確定せず理論は未完成とも思われる。この問題は古くから議論されてきた無限に関する難問である。

**ゼノンの難問**

紀元前 500 年ごろ、古代ギリシャのエレア派ゼノンによる、無限に関する難問「アキレスは去る人に追いつけない」、が現れた。

> アキレスは去る人を追っている。アキレスが追い始めた時、去る人はある位置 1 にいる。アキレスがその位置へ到達した時、去る人は次の位置 2 にいる。この理論は限りなく繰り返されて終了しないため、アキレスは去る人に追いつくことができない。

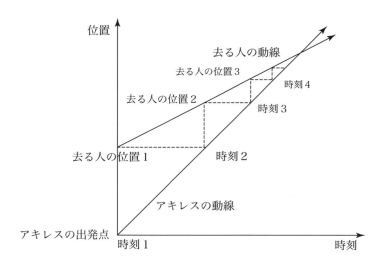

ゼノンはこれをもって「運動するものは仮象である」と理論づけたといわれている。

１７世紀に知られた座標を用いると、この理論は次の図によって説明できる。

アキレスと去る人の動線は座標上で直線で表されて、アキレスはその交点で追いつく。一方、ゼノンの理論で表わされた分割された時間は図の水平破線で表される。破線の長さは公比１未満の等比級数となり、追いつくまでの時間はその合計となることが分かる。しかし、階段状の破線を構成する限りなくつづく再帰的論理に注目すると、算術では合計し尽せないこの破線の合計の長さが一定といえるのかがやはり問題として残る。

**無限小の理論の展開**

再帰的論理から成るゼノンの難問は無限数列を生み出す。そしてこの無限数列は限りなくつづくため、その到達すべき値 $a$ が他の有限的な方法（数式、図式）で表されていたとしても値 $a$ には到達できないようにみえる。ここから無限数列と $a$ との差である「（正の０ではない）無限小（infinitesimal）」の概念が生れた。

無限大、無限小、極限の概念は無限大を表す記号「$\infty$」とともに1655年ウォリスの著書『無限小算術』で導入された。その後、ロピタル、バークリー、オイラー、ラグランジュなど多くの数学者・論理学者により「解析学」「無限小解析」「超準解析」「数理論理学」などといわれている無限小・連続性に関する論理・理論が生れた。

**新たに生じた難問**

西洋では16世紀末に１未満の値を分数ではなく小数で表記する記数法が知られた。小数は分数に比べて大きさの比較や算術面で格段の利便性をもたらし普及していった。小数が知られる以前、数値は整数＋分数の形で書かれていた。ニュートンは1687年に『プリンシピア』と題した有

名な力学の本を書いたが、そこでの数値の記述のほとんどはまだ $12\frac{1}{4}$ のように整数＋分数の形となっている。英語では小数点以下の部分を今でも「分数部（fractional part）」というのはその名残だろう（ちなみに小数はdecimal representation という）。

さて、古くから正方形の1辺の長さと対角線の長さの比などは分数で記述できない「無理量」となることが知られていたが、小数によると $\sqrt{2}=1.41421356\cdots$ と何桁をとっても循環しない無限小数列で表され、このように表記される「無理数」は確定値といえるか否かとの新たな難問がもたらされた。

この無理数の問題に加えて、17世紀末にニュートンやゴットフリート－ウイリアム－ライプニッツ（1646-1716）により考え出された微分積分値の厳密性の問題が加わった。微分積分値は無限数列によって表されるため、この値についてのより厳密な理論が望まれた。

**コーシーとワイエルシュトラスによる極限値理論**

有限数学から生じる無限数列の性質について、1822年オーギュスティン－ルイ－コーシー（1789-1857）は今日の極限値理論の原点となる、伝統的な数学による再帰的論理で得られる無限数列の値に関する理論を発表した。コーシーは無限数列 $a_1$、$a_2$、$a_3$、… が一定値に到達するとみなせることを「収束する」といい、その値を収束値または極限値と名づけて、その収束条件を明確にした。一方、一定値に到達するとみなせない数列は「発散する」と区分した。今日では無限数列が収束する条件は「コーシー条件」、この条件を満たす無限数列は「コーシー列」といわれている。

さらにカルル－ワイエルシュトラス（1815-1897）はこの理論を定式化した。これによると無限大に発散する値の定義は、

　　　任意の（大きい）数 $n_0$ に対して、$n_0 < n$ となる数 $n$

である。この定義で $n$ を定めたと仮定しても、その $n$ も任意の数 $n_0$ とな

り得るため、$n < n$ となり矛盾が起こる。したがって、この定義による無限大は限りなく大きくなる有限値と解釈されて、これを「$\infty$」と表す（参考のためにいうと、この定義は本章３．６節で説明した「有限値には最大値が定義できない」との背理法による証明の一部であって、矛盾的なこの定義は数学理論とはみなし難い）。

ワイエルシュトラスはコーシー条件を次のように表わした。

任意の（小さい）正の数 $\varepsilon$ に対して、$n_0 < n < m$ であれば必ず

$$|a_n - a_m| < \varepsilon$$

となる、ある一定の $n_0$ が得られるならば、無限数列 $a_1$、$a_2$、$a_3$、… の値は一定値に収束する。

さらに次のようにも表した。

$$\lim_{n \to \infty} |a_n - a_m| \to 0 \quad (ただし、n < m)$$

であるならば無限数列 $a_1$、$a_2$、$a_3$、… の値は極限値に収束する。

**極限値の厳密性の問題**

ここで、極限値の厳密性について検討する。

コーシー列である等比数列、

$$ar^0、ar^1、ar^2、\cdots, ar^n、\cdots \quad（ただし 0 < r < 1）$$

や、その和の数列、

$$ar^0、ar^0 + ar^1、ar^0 + ar^1 + ar^2、\cdots、a(1 - r^{n-1})/(1 - r)、\cdots$$

を例にとれば明らかなとおり、$n$ が有限値である限り、$n$ の増加に伴いこれらの数列の値は変化しつづけて、

$$|a_n - a_m| = \varepsilon_{nm} \quad (ただし n < m)$$

は０とはならない。つまり極限値は確定せず厳密ではない。

一方、$n$、$m$ が共に（仮にあったとして）確定的に無限大となり得るならば、$|a_n - a_m| = 0$ となる可能性がある。このように、再帰的論理で構成さ

れる無限数列 $a_1$、$a_2$、$a_3$、… の長さ∞は、どこまでも有限値なのか確定的に無限大の値となり得るのかが極限値の厳密性を左右することになる。

**集合論のおこり**

この無限大∞の定義は限りなく大きくなり得る確定しない有限値を表すと解釈されて、極限値は確定しない。このことは伝統的な数学において大きな問題となった。この問題が無限集合を原理とする今日の集合論への流れを加速したといえる。

それにもかかわらず、集合論においても無限大は「どこまでも大きくなる有限値」のままで、この問題は未解決のまま残っているともいえる。

本書ではこの問題の本質的な解決を目指して、章を改めて有限数学の無限数学への拡張を検討する。

# 第Ⅱ章　有限数学を拡張した無限数学

## 1　無限値の規定と極限値の厳密化

**無限値の規定**

　再帰的論理、極限値に伴う問題に対処するために、本書では有限数学の8つの原理に、

**原理9　再帰的論理の再帰回数を無限回、無限値とする。**

　との規定を原理として加えた無限数学を提唱する。

**無限値の規定の妥当性、整合性**

　この規定が有限数学に加える無限値の原理となり得る可能性について検討する。

　この無限値の規定は、時間・空間に制約された私たちには到達不可能の値に思われるだろう。しかし、数学が純理論的なものであるならば、物理的な時間・空間には関係なく再帰的論理は完遂すると考えてもよく、これにより理論に矛盾が生じるわけでもない。かえって再帰的論理による理論の中断が解消されて理論がシームレスになる。また、ゼノンの難問のような理論とその対象との関係からも、

　　　　人は最初に論理学や数学の理論として再帰的論理を考え出して、次に時間・空間の制約を考慮してそれが完遂しないと考えた。しかし、理論の対象（事象・図形・再帰的論理を含まない理論）が完結するものならば、たとえ人がその対象に再帰的論理を当てはめて解釈したとしてもその対象は完結する。このことから、この無限値の規定は本来完遂するはずの再帰的論理を明示的に完遂させて数

学理論を理論の対象に一致させるものである。
と明解に考えることができる（理論とその対象の関係については第Ⅲ章以降でさらに考察する）。

　この規定によると、無限数列を生み出す再帰的論理が完遂して無限数列の長さが明確に無限長となり、収束する極限値や無限小数列の実数値が確定値となる。そこで本書ではこの規定を有限数学の10番目の原理として加えた数学を想定して、「無限値の数学」といい「無限数学」と表す。そして無限値を∞とも記することにする（「無限大」との用語とその記号「∞」については、前章4節の定義が今日定着しているため、これは用いない）。

**無限値の規定の必要性**

　この無限値の規定は有限数学と整合的であるため、逆に「この規定なしでも無限数学は成立する」と考えることもできる。しかし、この規定は明示するべきである。理論は理論の形式で記述されてこれにもとづいて整合的な理論を得て、初めて理論として人々に共有される。たとえ有限数学と整合的な無限概念であったも、理論の形式を備えていない無限論は分かりにくく、理論化しがたく、やがて忘れ去られる。私たちは、第Ⅴ章4．3節で説明する予定の数学基礎論論争におけるポアンカレやブラウワーの主張にその例を見出すことができる。虚数や負の数値が認められるに至った道のりも平坦ではなかった。逆に、「再帰的論理で得られる数はどこまでも有限である」との理論や、「数の全体は無限である」との概念は分かりやすいために、これを原理とする集合論は信頼されて定着しているとの見方もできるだろう。

　「無限値」は虚数や負の数値と同様に身近な概念ではないために、明確にこれを規定して、明解に理論を組み立てる必要があるだろう。これによって初めて、0、負数、虚数を理論に含めた結果、演算や代数方程式の解の理論がよりシンプルで美しくなったような効果が現れるだろう。

### 無限値の規定の効果

　時間に制約された私たちは、数学理論の中で循環小数が生じるとこれを中断せざるを得ないが、これとは異なり有限数学の原理にこの規定を原理として追加すると、有限数学内部の再帰的論理は有限数学外部からの関与によることなく無限回でこれを完遂して、後続する理論へつながることが明示的となる。このため、この規定は有限数学の理論の断点を解消して有限数学を自己完結的にする効果も有する。

　念のために無限回と無限値の関係を説明する。有限回数は有限値であるため、無限回数は無限値でもある。別の考え方として、再帰的論理の再帰回数には数値列 $1 < 2 < 3 < \cdots$ が対応するため、無限回は無限値だと理論づけることもできる。

　次に、ワイエルシュトラスによる極限値理論とこの無限値の規定を組み合わせてみる。すると、本章１．２節で∞と表した次々と否定される自然数の増加数列 $n_0 < n_1 < n_2 < \cdots$ を生む再帰的論理は無限回で完遂して、有限値は否定しつくされたと考え得て∞をこの帰結として得られる無限大の値<u>∞</u>に置き換えることができる。このため無限数列の最後の項の順位を<u>∞</u>番目、その長さを<u>∞</u>長と表すことができる。

　ワイエルシュトラスの理論に戻って、コーシー列 $a_1、a_2、a_3、\cdots$ を定める式

$$\lim_{n \to \infty} |a_n - a_m| \to 0 \ （ただし、n < m）$$

の $n、m$ は、この規定によると共に<u>∞</u>となり、

$$|a_n - a_m| = \varepsilon_{nm} \ （ただし n < m）$$

は０となるため、極限値は確定値となると理論づけられる。

　これによると、コーシー列である無限小数列の極限値はそれが有理数、無理数にかかわらず確定値を表すことになる。またゼノンの難問において

詳説篇

も、アキレスが先行者に追いつく時間や位置を表す等比数列の和の数列はコーシー列となるため、得られる極限値は確定値となる。

以上の予察によると、有限数学の原理とこの無限値の規定からなる原理にもとづき予察で得た理論につづき整合的な理論が順次得られて、これにより整合的な数学が成立する可能性があるだろう。そこでこれをさらに検討する。

## 2 「極限の値」と無限数列どうしの演算「極限演算型」

**無限数学の原理**

成立を目指す無限数学は、有限数学と整合的であって、構成的な実数値が確定値として得られる数学である。数学的推理法・論理推論規則は有限値に対してのみ有効性が担保されているため、私たちが整合性について判断できない∞を扱う新たな原理は設けずに、有限数学の原理と無限値の規定のみから成る無限数学を目指す。

**無限数列の値**

このような無限数学の基軸となる理論の一つは確定値である極限の値である。無限数学の値域によると、再帰的論理で構成された無限数列の∞長での値の可能性として、

 i 一定の有限値（従来の理論の「極限値」に代わる値）
 ii 無限値、∞（従来の理論では「限りなく大きくなる有限値」とされた「無限大∞」に代わる値）
 iii その他（「不定値」という）

が考えられる。不定値を除いて、一定の有限値、∞を合わせて、以後「極限の値」または「$L$」と表わすことにする（次節でiiの値の中には「限りなく大きくなる有限値」が含まれていることが明らかとなるがここではし

116

ばらく区別しない。今日「不定値」とされているいくつかの数列は以下の理論づけでⅰ、ⅱに分類される。さらにそれ以外の（真の）不定値となる数列の例は本章5節で説明する）。

**極限演算型の定義**

次に、今日の数学では厳密な理論とみなされていない極限値の演算概念、$\infty／\infty$、$0／0$、極限値$+\infty$などに関する理論を微分積分学を参考にして考える。

微分係数 $da／db$ はコーシー列 $a_1／b_1$、$a_2／b_2$、$a_3／b_3$、… の極限の値であり、分子、分母の位置にある二つの数列 $a_1$、$a_2$、$a_3$、…、$b_1$、$b_2$、$b_3$、… はともに0に収束するコーシー列となっている。そこでこの二つの無限数列の関係を「$0／0$と表した極限演算型」と定義する。すると、さまざまな微分係数はすべて$0／0$となる極限演算型をもつことになる。このため、極限演算型$0／0$によってもその解を決定できない。この関係を一般化してみよう。

極限の値 $L_1$、$L_2$ をもつ二つの無限数列 $a_1$、$a_2$、$a_3$、…、$b_1$、$b_2$、$b_3$、… どうしの演算を、

$a_1 ■ b_1$、$a_2 ■ b_2$、$a_3 ■ b_3$、…（■は、＋、－、×、／のいずれかの演算子）

と定めて、次に、

> 二つの極限の値 $L_1$、$L_2$ どうしの演算とは、上の $L_1$、$L_2$ を与える二つの無限数列どうしの演算により求められる第3の無限数列の極限の値 $L_3$ である。

と定める（この演算法は極限値理論誕生の契機となった微分積分学に現れるため、以後「原演算」といい、この演算列を「原演算列」ということにする）。

また、対象とする無限数列については、

> 0および正の値域の単調増加数列および単調減少数列。

に絞る（「単調」とは数列が長くなるにつれてその値が増加または減少の１方向に変化することを表す。これは極限値理論の生誕時にコーシーが参考にしたとされる数列であるため、これを「原数列」と表す）。これには自然数列、１、２、３、…、無限小数列、初項および公比が正の等比数列とその和の数列、などが該当する。

無限数列の極限の値 $L$ の分類の判定には、コーシー条件および次の定理を用いる。

  （定理）任意の（大きい）値 $p$ に対して $q$（ただし $q>p$）となる増加数列の $L$ は<u>∞</u>である。

  （証明）定理中の $q$ に対する条件は、$q$ に対する<u>∞</u>の構成要件を満たしている（コーシー列の否定ともなっている）。さらに単調増加数列であるため、この数列は<u>∞</u>長において<u>∞</u>となる。

以上の前提条件の下で、さまざまな原数列とこれに伴うさまざまな $L_1$、$L_2$、および四種の演算子を組み合わせると、組み合わせにより一意的に定まるさまざまな解 $L_3$ を求めることができる（個別の組み合わせの結果は省略する）。

この結果を整理するために、原数列どうしの原演算を、$L_1$、演算子、$L_2$、を用いて「$L_1 ■ L_2$」と表記して、これを「極限演算型」と定義する。これによると得られた結果全体は、次の A、B、C の分類にもとづいて説明することができる。

**極限演算型に対応する解**

  A $L_1 ■ L_2$ が有限値の四則演算が有効な値域に重なる場合。これは二つの原数列が共にコーシー列の場合であり、この原演算 $L_1 ■ L_2$ もコーシー列となり、極限演算型とその解の関係は $L_1 ■ L_2 = L_3$ と一意的に表せる。これは有限値 $L_1$、$L_2$ に対する直接的な四則演算と表記も解も一致する。

B $L_1 \blacksquare L_2$ が 0／0、∞×0、∞－∞、∞／∞となる原演算の場合。$L_1$、演算子、$L_2$ を定めても、$L_1$、$L_2$ を与える原数列の違いにより極限演算型の解が異なり、有限値となるときもさまざまな値がある。したがってこの極限演算型の解はさまざまにある。

C $L_1 \blacksquare L_2$ が A、B 以外の場合。$L_1$、演算子、$L_2$ を定めると極限演算型の解は 0 または∞のどちらかに一意的に定まる。つまり、極限演算型は一意的な解をもつ（ただし $a - \underline{\infty}$（$a$ は 0 または有限値）の場合は、$-\underline{\infty}$が得られる）。

この結果はさらに次のようにまとめることができる。

i Bの場合に限り極限演算型の解は決定できないが、これは原演算が不可能であったり、その結果が不定値となるためではなく、さまざまな極限演算型としての解をもつ原演算列が同一の極限演算型に集約されるためであり、これは極限演算型起因の不定値といえる。

ii Cの場合は極限演算型で一意的に定まる解を表しており、有限値の演算と重なるAの結果と合わせて、極限演算型は有限値の演算を極限の値を含む演算へ拡張したものとみなすことができる。

以上のことから、極限演算型とその解の関係は、原演算と原数列という制約条件はあるものの、無限数学上で導かれた定理と考えることができる。

## 極限演算型の応用

この定理の応用として、微分積分値の確定値化がある。

微分係数 $dy／dx$ は極限演算型 0／0 に該当するが、本来的に有限値の極限の値をもつ無限分数列であるため確定値なのである。この場合、微分量 $dy$、$dx$ はただ単に $y$ と $x$ が与えられた関係を保ちながら厳密な値の 0 へ収束する過程を表す記号であって、無限小解析の中の「（0 より大きい）

詳説篇

無限小」とは全く異なる。積分値 $\int f(x)\,dx$ も極限演算型 $0\times\underline{\infty}$ に該当するが、本来的に有限値の極限の値をもつ無限数列であるため確定値である。

次にこの極限演算型の適用可能な数列範囲の拡張について検討する。

　　i 　簡単な検討により、原数列の値域を負値に、$\underline{\infty}$ を $-\underline{\infty}$ に拡張可能であることが分かる。

　　ii 　この制約条件の下では、極限演算型の解は一定の有限値、$\underline{\infty}$、$-\underline{\infty}$ のうちの一つであるため、上のAとCに分類される極限演算型については背理法により「有限値の演算と矛盾しない演算規則」として求めることもできる。したがって、AとCの極限演算型については、その適用範囲をこの背理法が有効となる「$L_1, L_2, L_3$ が不定値とはならない無限数列とその演算法」に拡げることができる。

ところで、無限数列の種類については、コーシーの理論が発表されて以降多種多様に考え出された。その中にはここでは除外した不定値となる無限数列も数多くある。このため、以上の演算規則が適用できる数列は限定的といわざるを得ない。それにもかかわらずこの演算規則によると、有限値と $\underline{\infty}$ との関係について多くの理論を得ることができる。このことをひきつづき説明してゆく。

## 3　無限数列長さの有限と無限

**無限数列の定義の違いによる有限長と無限長の違い**

極限演算型によると、無限数列をどこまでもつづく有限長に止まるものと $\underline{\infty}$ 長に拡張できるものに整合的にふるい分けることができる。次にこの理論を説明する。

無限数列 $a_1$、$a_2$、$a_3$、… を定めるには、

　　　　i　$n$ 番目の項の定義 $a_n$。
　　　　ii　$n-1$ 番目の次の項は $n$ 番目の項であるとの $n$ 番目の項の連
　　　　　　鎖の定義。
の二つの定義を要する。そこでこれらの定義の∞番目の項での有効性を、極限演算型にもとづいて検討する。

　数列の連鎖の定義は、無限数学によると∞番目の項では、

　　　∞－1 番目の次の項は∞番目である。

となり、さらに∞＋1 番目の項も∞番目となる。このことは、数列の連鎖の定義は∞番目でもって完遂して、「次の項」や「前の項」という関係は解消したと解釈できる。

　次に∞番目の項の定義 $a_\infty$ の有効性を検討する。

　たとえば $n$ 番目の項の定義が $n^2$ であれば、∞番目の項の値は∞×∞＝∞となるため項の定義は有効である。一般的にいうと、∞番目の項を極限演算型のみで表し得る無限数列は∞番目長において極限の値をもつ。ところが∞番目の項を定義するために極限演算型以外の理論が必要な無限数列もあり得る。このような数列は、∞番目の項が定義できない、との理由でその数列長さは（どこまでもつづく）有限となろう。

**無限数列の区分の例**

　次にいくつかの具体例により、以上の原理により無限数列の帰結を有限と無限に明解に区分できることを説明する。

　　　　i　無限数学によると、∞桁の自然数の値は∞であり、∞桁の小
　　　　　　数の値は一定の有限値である。ところが、自然数や小数列の
　　　　　　10 進数表記列を求める理論には極限演算型以外の有限値に関
　　　　　　する理論が必要であるため、∞桁の自然数や小数の∞桁目に
　　　　　　対してはこの理論が有効に働かない。このため、∞の自然数
　　　　　　の 10 進数表記列、ならびに小数の∞桁目の値を理論で求める

詳説篇

ことはできない。このような理由で自然数と小数の数値表記列は有限長である。これは矛盾ではなく、無限数列に必要な連鎖の定義と項の定義の違いにもとづいた整合的な理論である。

ⅱ 極限演算型が$\infty／\infty$である原演算列、$a_1／b_1$、$a_2／b_2$、$a_3／b_3$、…であって、$a_n$、$b_n$が共に整数の場合、これを「無限分数列」ということにする。分母分子が有限の値域の無限分数列には、分数では無理数は表わせないとの証明（第Ⅰ章３.６節参照）が適用できるため、有限の値域の無限分数列は有理数列である。ところがこの証明は分母分子の少なくとも一つを$\infty$とおくと有効に働かない。したがって、この証明は無限分数列の極限の値を有理数と無理数に区別するものではない。このため、$\infty／\infty$は無理数である可能性もある。

ⅲ 「どのように大きい素数を仮定しても、それよりもさらに大きい素数がある」との証明（ユークリッド 218、Boyer 115）は、素数の値に対して$\infty$の構成要件を満たしているかに見える。ところが素数の値を$\infty$とおくとこの証明は有効に働かない。このため、素数は限りなく求められるものの、その値や個数はどこまでも有限値である。

第Ⅰ章３.６節では、有限値に関する証明は原則的に有限値に対して有効であると説明したが、以上の理論によってさらにその証明の理論域が無限値$\infty$に拡張可能か否かが判断できることになる。

**補足説明**

なお、循環小数については、ⅱの理論とは別に、

コーシー列 $d$、$d$、$d$、… の極限の値は$d$である。したがって、循環小数 $0.ddd\cdots$ の$\infty$桁目の値は$d$である。

との、∞桁目の値を直接的に決定する理論が得られる。これは、極限の値はそれを定義する無限数列に依存して定まることを示すもので、ⅱと並立する理論である。しかし、∞値は有限値とは全く異なるため、この理論につづけて新たに整合的な理論は得がたい。

**有限と無限の違いの確認**

　ここまでに用いた無限数列のふるいわけの原理を再確認する。

> 数列の項の定義が∞長において極限演算型により表せる時、その数列は∞長において極限の値をもち、極限演算型のみでは表せないとき、その数列は限りなくつづくものの有限長である。

　このように無限値∞はさまざまな無限数列に共通した極限の値となるが、それは∞に到達し得た有限値の理論を映す1枚の鏡であると考えると、何ら矛盾した概念ではないと了解できるだろう。

## 4　実数の性質、無限個概念、および無限数学のまとめ

**実数の性質**

　無限数学における「実数の稠密性と連続性」を検討する。

　実数の中に無理数が含まれていることは「実数の連続性」といわれている。これについては、先に∞桁の小数は無理数をも表すことを説明した。無限分数列についても次のように無限小数列と1対1対応するコーシー列を構成できるため、無理数を表すことができる。

> たとえば、無理数$\sqrt{2}$を表す無限小数列 1.4、1.41、1.414、… は、無限分数列 $14/10^1$、$141/10^2$、$1414/10^3$、… と∞長まで対応する。したがってこの無限分数列の極限の値は無限小数列と同じく$\sqrt{2}$である。

　また、任意の二つの有理数$a$、$b$の間に異なる有理数、たとえば $(a+b)/2$

詳説篇

が求め得ることは、「有理数の稠密性」といわれている。これについては、「限りなくつづく再帰的な演算と理論の性質」と解釈できるが、この性質と、「有理数では表せない無理数」とを合わせて考えると、「有理数にはすきまがある」との解釈が生まれる。無限数学によると、これら一切の概念を次のようにコーシー列を構成することのできる実数の構成的性質に帰着させることができる。

> 隣り合う二つの実数の数値差とは、$n$ 桁の 10 進数小数の場合は $1 \times 10^{-n}$ であり、1 を $n$ 等分した分数の場合は $1/n$ である。いずれの数値差についても $n$ に関してコーシー列を構成することができて、これらの無限数列の極限の値はいずれも 0 となる。

このように稠密で連続的な無限数学上の無限小数列、無限分数列によると、

> （1列の）無限小数列、無限分数列で得られる数値を実数値という

と定めると、未発見の超越数も含めてどのような実数値も無限数学の理論域に含まれるとみなせるだろう。さらに、第Ⅰ章3．3節で説明した「すべての分数が数の基本的性質を備えている」との証明の方法は、分母分子が共に∞となるコーシー列の分数列、すなわち有限値の極限の値をもつ数列によると∞／∞にも適用可能と考え得るゆえに、無限数学上のどのような実数値も確定値と考え得る。

**無限個の集合**

ところで、この無限値の規定によると、有限の数が表し得る順序、大きさなどの概念は∞番目、∞値などに拡大される。しかし、先に説明した隣り合う二つの実数の数値差が 0 となることでもって、

> $n$ が∞番目において隣り合う実数の数値差は同値または同一である。これにより∞個個の実数からなる稠密で連続的な数直線が構成された。

と結論づけることはできない。

なぜならば「隣り合う数」とは数値差が0ではない数の間で成り立つ関係であって、「数値差が0の隣り合う数」とは無限数学の理論に必要な「数に関する理論の整合性」を越えているからである。

∞個の並列的な数の関係について整合的な理論が得られないことは、

　　ⅰ　∞の規定は有限値を定義する算術の原理とは全く異なる。
　　ⅱ　∞を一定の値と定めて得られた無限数学上の整合的な理論は有限値とその演算の届かない新たな理論にもとづいている。

との理由による。

このため、「∞番目までの無限数列には∞個の項が含まれる」と考えて、これを無限集合とみなしても、以上の理論にもとづくと無限集合にもとづいて整合的な理論を得ることはできないのである。つまり集合論における無限集合論の理論は、これとは異なる原理となる公理的集合論にもとづいているのである。

### どこまでも整合的な無限数学の理論

無限数学の理論についてまとめてみよう。予察を含めてここまでに得られた無限数学上の無限数列や実数の性質に関する理論は、全体として有限数学と整合的である。構成的な理論を生かしきった無限値の規定により、有限数学は極限的、連続的な理論についてもこれを確定値として記述する方法（理論の形式）が明示されたのである。

この無限値の規定9は、有限数学の一系の整合的な理論をさらに自己完結的な無限数学に導き、無限値∞の取り扱い方を誤らない限り矛盾は発生しないことが確認された。

無限数学の話はこれで終わるが、次に参考として、ここまでの説明から漏れた不定値となる無限数列の性質や過去に語られた無限についての謎が無限数学により解明できることを説明する。

詳説篇

## 5 無限をめぐる謎を解き明かす

**ガリレイの無限論**

　最初に有限数学と無限数学の理論域に一致したガリレイの無限論を紹介する。ガリレイは、著書『新科学対話』の中で「無限の数とその平方数（2乗した数）とどちらの方が数が多いか」という問題を取り上げて、

　　　　平方数は根（元の数）とちょうど同じだけあり、またすべての数は根であるから平方数は自然数とおなじだけある。

と説明しながらも、これにつづけて、

　　　　すべての数の総体は無限であり、「等しい」、「多い」、「少ない」という属性はただ有限量にのみあって、無限量にはない、としか言い得ません。

と結論した（ガリレイ 59-60）。

　有限数学によると、自然数と平方数が1対1対応することについては、自然数列が有限値 n である限りこれに対応する平方数 $n^2$ が有限値の演算で求め得るとの、どこまでもつづく有限値の整合的な関係として説明できる。次に無限数学によると、自然数列が $\infty$ となればその平方数も $\infty \times \infty = \infty$ となるとのガリレイの結論と一致する理論が得られる。

**無限ホテルの謎**

　このガリレイの話に限らず、異なる無限数列どうしが1対1対応することは、謎めいて語られている。この中から一つ、ヒルベルトがよく語ったというエピソードをとりあげる。

　　　　限りなく多くの部屋をもつホテルがある。そのホテルは常に満室である。しかしそのホテルは常に新しい客を受け入れることができる。新しい客がくると、第1室の客は第2室に移ってもらい、

第2室の客は第3室に移ってもらい、との部屋の移動を限りなく繰り返せばよいからである。

無限数学によると、これについては次のように解釈できる。

「限りなく多くの部屋」の数を有限値だとみなすと、この話は有限値の限りなく大きくなり得る性質として説明がつく。それでも最後のつじつまが合わないと考えるならば、部屋の数を無限∞と考えればよい。するとこの話は∞に有限値を加えても常に∞であることで説明がつく。

**不定値となる数列**

不定値となる無限数列の極限の値の概念は一律に理論づけられないためにこれまでの説明から除外してきたが、無限数学によると、これについても個別的に理論にもとづく解釈ができる。

無限数列、

$$1-1+1-1+1-1+1\cdots$$

については、

$$(1-1)+(1-1)+(1-1)\cdots$$

とくくると極限値が0となり、

$$1-(1-1)-(1-1)\cdots$$

とくくると極限値が1となるとの不思議な性質がある。

これについては無限数学によると、

上の数列の値は奇数番目では1、偶数番目では0となる。∞番目は偶数番か奇数番かを決定できないため、上の数列の極限の値（極限値）は決定できない。

との理論が成立する。

**ランプは点灯しているか否か**

次のトムソンの議論はこれと類似している（ムーア176）。

> スイッチ付きのランプがあり、そのスイッチを押すと、ランプが点灯しているときは消え、消えているときは点くとする。今、最初の時点でランプは消えており、30秒後には点灯され、その15秒後にはまた消え、これが無限に続くとする。最初の時点から丁度1分経ったとき、このランプは点灯しているであろうか、消えているであろうか。我々はそれに答えることはできないが、答えがなければならないように感じる。

これについては、

> ランプもスイッチも機械だから速い周期のオン・オフには耐えられず故障する。したがって答えはでない。

というのが正解である。けれども、強引に無限数学の理論を当てはめてみると、

> ランプはスイッチを押す回数が奇数番目で点灯して、偶数番目で消える。一方、1分が経過するとスイッチを押す間隔となっている等比級数の項数は∞回に達する。∞回は偶数回か奇数回かを決定できないゆえにランプの状態は決定できない。

との理論で、決定が不可能であることを説明できる。

### 無限数列の逆読み

次に、ウィトゲンシュタインが講演会で話したという謎をとりあげる（ムーア124）

> 向こうから歩いてくる人がいて、その人は「……5、1、4、1、3――あぁ終わった」と呟いていた。何をしているのかと尋ねたら、πの小数展開の最後の部分を今ようやく数え終わったところだ、と云うのである。彼は、永遠の過去からずっといつも変わらぬ速度でそれを数え上げてきたらしい――。

彼のいうπの小数展開の最後の部分とは、πの最初の部分の逆読みだか

ら、彼は無限数列を逆にたどってきたことを表している。これも不思議な話である。時間が一定の有限だとするともちろんこのようなことは起こり得ないが、無限数学によると、時間が無限だとしてもこのようなことは起こり得ないことが次のように説明できる。

　　無限数列は先頭部から構成可能だが、最後部となる∞番目からは次の理由により構成できない。
　ⅰ　πの∞番目の数値は定義できない。
　ⅱ　数列の最後の有限番目の項が決まらないために、πの∞番目の項から有限の数列部につなぐことができない。

**無限数列の逆読み（その２）**

　この謎に用いられた無限数列をπではなく１／３の小数展開に置き換えてみるとその解釈は異なってくる。なぜならば
　ⅰ　１／３となる小数列 $0.3333\cdots$ のすべての有限番目の数は３である。
　ⅱ　無限数列３、３、３、・・・は３に収束するため∞番目の数値は３である。

と考えることができるため、πの場合に説明した逆読みの否定の理由がなくなる。

　このため、時間が無限であっても、向こうから歩いてくる人の寿命が無限であれば、この人は「……３、３、３、０――あぁ終わった」と１／３の小数展開の最後の部分を数え終えることができるだろう。これはもちろん純理論上の話である。

**非幾何学的図形**

　図形に関する無限論には視覚が関係してくる。「非幾何学的図形」といわれている理論の一つを取り上げよう。

　　１辺の長さ１の正三角形を考える。底辺の両端をＡ、Ｂとすると

三角形の斜辺を通りAとBを結ぶ線分の長さは2となる。つぎに底辺を2等分してそれぞれを底辺とする正三角形を考える。すると三角形の斜辺を通りAとBを結ぶ線分の長さは2のままである。この分割をつづけると三角形は限りなく小さくなり、極限において、底辺の直線と同一視できる。するとAとBを結ぶ線分の長さは1かつ2となる。これは矛盾である。

無限数学の無限数列の極限の値として求めてもこの三角形の高さは0、斜辺の長さは2となる。しかしこれについては、次の理由により無限数学の理論ではない。

上の極限の図形の直線の微分係数、傾斜については斜辺の値が残り、底辺の直線の値0とは異なり、無限数学にもとづき定義される直線（第Ⅲ章2節で説明する）とは異なる。図形に適用した極限値理論の結果は視覚上の図形に一致する場合が多いが、この理論の立て方は複雑なため一致しない。

この理論の結果を踏まえて、「直線の長さは不定値である」を原理とする理論を考えたとしても、このような原理によっても整合的な理論が得難いために、それは「整合的な理論が得難い複雑な理論」ということになる。

以上のとおり無限数学は語り継がれてきた無限をめぐる多くの謎を整合的な理論として解明できるのである。これをもって無限数学の説明を終える。章を改めてこの無限数学の図形、座標、時空間概念への拡張を検討しよう。

# 第Ⅲ章　無限数学を図形、座標、時空間概念へ拡張した本数学

## 1　数値と図形に関する理論の起源とその数学的性質

**無限数学から図形と時空間の理論へ**

　第Ⅲ章では、無限数学の理論域の図形、空間、時間に関する理論への拡張を試みる。その過程では歴史上幾何学と数学のどちらが先に成立したかは論じない。なぜならば、整合的な理論どうしは切り分けがむずかしく、かつ理論の成立順序によらず全体として整合的となるからであり、幾何学と数学は歳月をかけて相互的に形成されていったと推定できるからである。つまり、これは私たちの心に根づいているであろうシンプルで一律的な数学理論とその図形との関係を解明する試みである。

　この検討に入る前に参考として図形の理論の歴史を概説する。

**幾何学と座標の理論の複雑な歴史**

　紀元前4世紀ごろに現れたユークリッドの『原論』は古代ギリシャの幾何学を集大成して公理にもとづいて体系的に記述したもので、今日に伝わる最も古いこの種の本である。

　一方、座標を用いた図形の理論については、関数や方程式の概念とあわせて1637年のルネ-デカルト（1596-1650）の著書『幾何学』で論じられた。このため、今日この座標は「直交デカルト座標」ともいわれている。

　ユークリッドも直線などを公理で完全に規定できるとは考えていなかった節があるが、19世紀の非ユークリッド幾何学の発見よって、ユークリッドの公理の真理性や座標理論の座標軸の線形性（等間隔の目盛りが打たれたまっすぐな直線であること）に疑いをもたれるようになり、これ

がその後の理論の哲学に大きな影響を与えた。

　座標の理論はこれに前後して現れた非可算無限を含む集合論によって理論づけられ、それは今日「解析幾何学」といわれている。

　このような歴史を経て今日も二つの図形に関する理論の原理は別々のままである。では図形の理論について、まず数と図形概念の由来から考えてゆこう。

**図形と空間概念の起源**

　今日の数学の源流は古代エジプト文明などの農耕文明にさかのぼることができるとの説は定着している（たとえば Boyer）。共同作業で種がまかれ生育され収穫された農作物を計量したり分配するためには今日と原理的には変わりのない算術を用いただろう。広く多数の農耕地に対しては次のようにして耕地面積を測ったり、収穫された農作物を管理しただろう（以下の説明では、あえて数記号や「直線」などの数学用語を用いる。その定義は概念的だったとしても、当時の人々がすでに数値や直線の概念を共有しており、これにもとづいて農耕を営んでいたことを強調するためである）。

　地面に原点となる杭を打ち込み、一定長さ $d$ のロープを張る（$d$ は両手を伸ばした長さであったりする）。そのロープの端にまた杭を打ち込む。この作業をロープの延長方向（直線方向）に沿って1方向および逆方向に繰り返して、直線的に間隔 $d$ で並ぶ杭の列を作る。直線で2分された地面を対称的に2分する方向（直角方向）に同様の作業を行い、平面上の位置や面積を長さ $d$ の直線（線分）を単位としてその繰り返しの数 $n$ で表す。$d$ 未満の長さや面積が必要ならば、ロープを適宜折り重ねて（分数を単位として）測る。

　収穫された穀物などをある規則にもとづいて保管、分配しようとすると、一定体積を計る計量マスや倉庫も必要となる。倉庫は一定面積をある高さの壁で囲い、屋根を架けて建てられる。この

作業からは、平面と高さからなる立体の概念や、面積×高さ＝体積との概念も生れただろう。

このような一連の農耕の営みには、それが潜在的であっても、数値、演算、図形、空間の理論・概念が含まれている。そしてここから、数値（整数、分数）、直線、その長さ、長さ×長さで求められる面積、面積×高さで求められる体積などの概念が生れ、それが次第に幾何学的な図形と空間として理論化されたと推測することができよう。

**幾何学図形の共通性**

私たちは「直線」や「三角形」という言葉について会話すると、その言葉を知っている話し相手とも共通的な意味を習得していることが分かる。

これは、直線とは引っ張られたロープやまっすぐな棒の形状であるとともに、「曲線ではない線」との概念的ではあっても誰もが分かる定義ができるからだろう。三角形の3という数も明確なため、一度三角形を目にするだけで三角形の概念は共有されることになる。

**長さと空間概念の学習**

「物語篇」で著者の時空間概念学習の体験を説明したが、この体験によると、時代・地域を問わず、3次元空間の概念が普及した理由については、有限数学と同様に、これらの理論・概念が、時代・地域や言葉の壁を越えて共通的に認識できる、シンプルで幾何学的・数学的な原理に由来するからと推測できる。

**幾何学図形用語の性質、原図形と関係**

さて、当時から変わらないこれらの「幾何学図形（「図式」ともいわれている）」と言葉の関係は重要である。

> 幾何学図形は地面や紙の上に書くことができる（これを「原図形」ということにする）。しかし「長方形」などの数学用語と共通の言葉で語られたとき、それは特に理論とは意識しなくても幾何学図

形に相当する抽象的概念となる。なぜならば「長方形」との言葉によって、私たちは幾何学で定義された長方形の図形をイメージできるが、語られた長方形についての他の情報（大きさ、材質など）は一切得られないからである。

したがって、幾何学理論により得られた長方形などを描かれた原図形に当てはめるのも人の知的行為となる。

ではこのような無限数学に似た明確な理論域のある幾何学理論を無限数学にもとづいて組み立てよう。

## 2 無限数学から図形数学へ

本節では無限数学の原理に「直線」「平面」「直角」などの要素的な図形概念を原理とみなして付加する方法で空間座標と空間座標で表された図形の理論が構成されることを説明する。

**直線の定義のむずかしさ**

まず「直線」についてだが、図形としての直線は無限数学では定義できないため、無限数学に対しては新たに付加する原理となる。先に「私たちは直線をただ一通りの共通的な図形として容易に認識できる」と説明したが、原理として言葉で直線（の形状）を記述しようとすると「曲線ではない線」と規定しても、曲線や線の原理的な記述が必要となるとの悪循環が生じるため、それは困難だろう。

**数直線とその線形性**

また「直線上の長さの目盛りはどこも等間隔である」ことを暗黙の前提とした幾何学とは異なり、無限数学にもとづくと直線には「数値と直線上の距離すなわち線分の長さは対応する」との前提が必要だろう。これによって線分の長さを数値で表したり、数値を直線の長さで表すことができ

第Ⅲ章　無限数学を図形、座標、時空間概念へ拡張した本数学

る。これを上の「曲線ではない線」の規定と合わせて直線の「線形性」といい、線形性を備えた直線を「数直線」ということにする。

この数直線では、整数 $n$ から $n+1$ までの長さは 0 から 1 の長さに等しく、分数 $1/a$ はその長さを等しく $a$ 等分する長さである。また、無理数や極限値もその値により位置を（数学理論上）定めることができる。

**線形性をもつ数直線の原理的な規定**

直線、数直線は原理となる図形だが、直線、数直線はシンプルに原理のように規定することはできない。そこでこれ以上規定の方法を追及せず、ここまでの数学理論と同様に正しい理論とは一系の整合的な理論であると考えて、ここでは、

原理10　数直線とは無限数学の一つの変数または1次関数で表せる図形であり、数直線上に 0 と 1 の点をとると、その数直線上の任意の位置は一意的に数値と対応する。

として、これを座標軸として整合的な図形についての理論を構成できれば、「数直線」を含む図形の理論は成立するとの考え方をとることにする。

**平面の原理的な規定**

次に平面を原理的に規定する。

原理11　平面とは交差する2本の数直線で定まる最もシンプルな図形である。

この規定も無前提の原理ではないが、この規定の原理性もこれ以上追求せず、この概念的な原理にもとづいて整合的な図形の理論を構成できれば、それゆえにこれは原理であると考えることにする。

**無限数学にもとづく座標**

次に平面上に直交する座標軸を次のように定める。

原理ⅱにより、交差する2本の数直線 $X$、$Y'$ により平面を定める。次に直線 $X$ が平面を対称的に分割する角度（2直角）を等分して交わる（直交する）角度になるように直線 $Y$ を引く。2本の数直

線を$X$軸、$Y$軸といい、その交点を原点という。
するとこの平面上の位置については原理10、11により次の理論が成立する。

　　　直線$X$、$Y$の原点からの長さ$x$、$y$を定めると、これに対応した平面$XY$上の位置、点$P(x,y)$が定まる。逆に平面$XY$上に点$P$をとると、この位置に対応した$x$、$y$が定まる。

2軸を直交させた効果は次となる。

　　　4分割された平面上の位置$P(x,y)$について、$x$、$y$の符号を置き換えるだけの対称的な理論が成立する。原点と点$P(x,y)$との距離は常に$\sqrt{x^2+y^2}$である。

次に、空間を原理的に規定する。

**原理12**　空間とは同一平面上にない交差する3本の数直線の長さでその位置が定まるものである。

さらに直線$X$、$Y$、$Z$を直交させると、

　　　2本の直線を含む三つの平面で8分割された空間の位置$P(x、y、z)$について、$x$、$y$、$z$の符号を置き換えると隣の空間の対称的な位置となるとの理論が成立する。原点と点$P(x、y、z)$との距離は常に$\sqrt{x^2+y^2+z^2}$である。

との理論が成立する。

**座標の性質**

　無限数学の座標では$X$、$Y$、$Z$軸は直交しているため、$x$、$y$、$z$の値は互いに独立的に任意に定めることができる。したがって$x$、$y$、$z$を（変数として）含む関数や方程式は無限数学の座標によってある図形が描ける。逆にこのように描かれた図形は$x$、$y$、$z$を含む元の関数や方程式に対応させることができる。

　なお、直交する軸をさらに増やしてゆくと、4次元以上となる理論的な座標が成立して、原点から点Pまでの理論的な距離も定めることもでき

るが、4次元以上となる座標には図形概念が対応しない（この図形的な制約は幾何学以外に、本章4節の四元数の理論からもたらされると考えられる）。

**整合的な数学による座標の整合性**

　以上の数学理論的かつ図形的な座標の理論を総括してみよう。

　座標の理論は無限数学にもとづき、数直線、直角、平面、空間の概念を加えた厳密で整合的な理論である。理論の構成に用いた数直線は線形で、構成される平面も空間も線形である。この整合的で線形の空間を「無歪の空間」と定義することで初めて「歪」は理論づけ可能となる。

　本節の始めに検討した直線の規定の問題にもどるが、ここまでの検討にもとづいて直線と直角の形状を規定するならば、それは次の条件を兼ね備えた形状であるといえる。

　　　無限数学の数直線を交差させて構成された座標による理論を整合
　　　的に保つための線の形状と角度。

平面についても直線と同様に理論の整合性による規定が可能だろう。そしてこのような図形の整合性は無限数学の整合性と同等とみなせるため、その整合性は破られることはないだろう。

**写像**

　なお、以上の理論によると、集合的かつ図形的な概念とつながった「写像」との概念が生れる。

　　　$y = f(x)$ において、$x$ がある値域 $A$ を動くと、$y$ はある値域 $B$ を
　　　構成する。この関係は、座標によると、図形 $B$ は線分 $A$ の「写像」
　　　とみなすことができる。さらに、$A$, $B$ を実数集合とみなすと、関
　　　数にもよるが、値域の異なる実数集合 $A$ と $B$ に含まれる実数どう
　　　しの1対1対応の関係が得られる。これを $f: A \to B$ と表す。

第Ⅱ章4節で説明した実数の性質によると、このAとBの実数の1対1

詳説篇

対応は、
　i 　関数 $y=f(x)$ によると、値域 $A$ の任意の数値 $x$ に対して、値域 $B$ に含まれる値 $y$ が一意的に得られる。
　ii 　逆関数 $x=f^{-1}(y)$ によると、値域 $B$ の任意の数値 $y$ に対して、値域 $A$ に含まれる値 $x$ が一意的に得られる。

との実数の構成的性質といえる。

**図形数学**

　座標、図形の理論は数学の一つの解釈ともみなせるが、この解釈はただ一通りで共通的に得られるため数学の原理または理論といえる。無限数学に以上の座標、図形の理論を加えた数学を「図形数学」ということにする。

　次に、ユークリッド『原論』の理論の構造を考察して、本数学の座標にもとづく理論と比較してみることにする。

## 3 　図形数学によるユークリッド『原論』の解釈

### 3.1 　図形数学と『原論』との比較

**ユークリッドの『原論』の成立の背景と影響**

　ユークリッドの『原論』は紀元前5世紀ごろの古代ギリシャで成立したが、数学の歴史を見てみると、ユークリッドの『原論』を始めとして17世紀ごろまでの数値の理論は、線分の長さを数値とみなして、時にはいくつかの図形を用いながら幾何学的に理論を構成する方法が主流となっていた。線分は可視的であるがゆえに、抽象的な数値よりも理論の対象として考えやすかったためと推察される。また『原論』には本書第Ⅰ章に相当するような数学の原理についての記述は特にない。このことが論理推論規則

第Ⅲ章　無限数学を図形、座標、時空間概念へ拡張した本数学

と数学の関係をあいまいにして数学の原理を見出しにくくしてきた一因だろうとも推察できる。

**『原論』の公理類の構造**

　『原論』では前提となる規定類は「定義」「公準（要請）」「公理（共通概念）」と区別されているが、今日ではこれらはすべて公理とみなされている。本書でも簡潔に説明を進めるためこれらすべてを「公理類」ということにする。

　巻末の文献にあげた13巻からなる『ユークリッド原論』では、各巻の最初に公理類が箇条書きされており、そこから得られる理論が説明されている。公理類の数は130を超えるが、その中には用語の定義や単なる論理推論規則の適用と解釈できるものも多数見られる。

　1巻の公理類の最初の部分を抜き出してみよう（ユークリッド1）。

　　1．点とは部分をもたないものである。
　　2．線とは幅のない長さである。
　　3．線の端は点である。
　　4．直線とはその上にある点について一様に横たわる線である。
　　5．面とは長さと幅のみをもつものである。
　　6．面の端は線である。
　　7．平面とはその上にある直線について一様に横たわる面である。

　抜き出した公理類の範囲では、「部分」との用語は述語で用いられているのみで原理とはみなしがたい。「一様」との用語は「長さについての線形性」を表していると推定されるが、そうであれば4の規定は直線だけを選び出す規定とはなっていない。この範囲の公理類はそれぞれが独立的な無前提の規定であるとはとても思えない。そこでちょっと意地悪をして「直線」との用語が「曲線」を表していると仮定してさらに読み進むと、頭が混乱してすぐに理解不可能となる。

　このことから（ユークリッド自身の公理に対する考え方は何も書き残さ

れていないそうだが)『原論』の公理は一つ一つが無前提の独立的な規定ではなく、公理類全体として理論を整合的に組み立てられるように工夫されたものだと思われる。

ところが今日では、この公理の「点」「線」「面」は「無定義用語」といわれている。これは第Ⅴ章2節で説明する「公理論」でのヒルベルトの公理の見方「公理とは無前提の仮定である」にもとづいた解釈と推察される。

### 『原論』の公理類の図形数学の座標による記述

『原論』に記載された公理類は、同じく幾何学の原理である図形数学の座標に比べて複雑多岐である。これらの公理類は図形数学の平面座標にもとづくと原則的に図形数学上で定義・証明可能である。これを先の公理類で例示しよう。

1. 点とは部分をもたないものである。→ 一定の数値 $a$ は部分をもたない点を表す。
2. 線とは幅のない長さである。→ 変数 $x$ は幅のない線を表す。
3. 線の端は点である。→ 変数 $x$ の値域の両端は一定の数値である。
4. 直線とはその上にある点について一様に横たわる線である。
 → $ax + by = c$ は平面 $XY$ 上の直線を表す。
5. 面とは長さと幅のみをもつものである。
 → $ax + by + cz = d$ は空間 $XYZ$ 内で長さと幅のみをもつ面を表す。

数値から図形を定義することには違和感があるかもしれないが、上記の無定義用語が図形数学の用語として正確に定義されることが分かる。『原論』は図形から数学を組み立てたので、最初に図形の要素を公理的に規定する必要があったのである。また、線分の長さから数値を完全には切り離していないため、「関数」などの概念はなく『原論』の理論域は限られた

第Ⅲ章　無限数学を図形、座標、時空間概念へ拡張した本数学

ものとなっている。

**『原論』の理論の図形数学による記述**

　『原論』の理論は「定規、コンパス操作で作図可能な図形」のみを対象としているため、描き得る線の種類は線分と直線、円周、円周の一部である円弧に限定されている。

　図形数学の座標によると、傾きが $a$ で、Y軸上の $b$ 点を通る直線は関数
$$y = ax + b$$
の値域として定義可能で、点 $P$ $(a、b)$ を中心とした半径 $r$ の円は、関数
$$(x - a)^2 + (y - b)^2 = r^2$$
の値域として定義可能である。

これらの線の交点もこれらの関数を連立方程式として解けば求められる。円弧や線分は式の値域を制限すればよい。

　このようなことから、ユークリッドの点、線の定義、これらの組み合わせとなる図形の定義は図形数学の座標により定義・証明可能といえる。

**『原論』での無理量（無理数）の扱い**

　第Ⅰ章で話したように、無理量は、分母分子が有限値の分数では表せずどこまでも循環しない無限小数となるため、有限数学に未完成の概念をもたらしたが、幾何学の場合は、正方形の辺と対角線の長さの比 $\sqrt{2}$ や円の直径と円周の長さの比 $\pi$ は、たとえ無理量であっても作図可能な図形であるために、これにより未完成の概念が発生するわけではない。『原論』では無理量は「通約できない二つの長さの比」として論じられている。

　つづいて19世紀に話題となり、非ユークリッド幾何学を生みだしたユークリッドの平行線公理について検討する。

141

## 3.2　平行線公理と非ユークリッド幾何学

**図形数学による有限的な平行線の定義**

　最初に平行線の数学の図形数学の座標による定義を説明する。

　図形数学の座標によると平面上の平行線とは、
$$y = ax + b_1$$
$$y = ax + b_2$$
との、傾斜 $a$ が共通で $Y$ 軸切片 $b_1$、$b_2$ が異なる二つの関数で表した直線の関係となる。この連立方程式から解は得られず、2本の直線の距離 $d$ は、有限のどの位置においても $d = (b_1 - b_2) / \sqrt{a^2 + 1}$ となり一定であり、2本の直線は交わらない。

**平行線の作図**

　次に、作図を想定して「直角」を含む形で平行線を関係づけてみよう。

　　ⅰ　傾き $a$ の直線 $A$ を引く。

　　ⅱ　その直線に交わる傾き $-1/a$ の直線 $B$ を引く（$a$ が 0 の場合は垂直線を引く）。

　　ⅲ　直線 $B$ に交わる傾き $a$ の直線 $C$ を引く。

　直線 $A$ と $B$、$B$ と $C$ はそれぞれ直交するためⅱ、ⅲは作図可能だから、この方法によると直線 $A$ に平行な直線 $C$ を作図することができる。

　このような平行線 $A$ と $C$ の任意の位置に直交する直線 $B´$ を引くと長方形となるため、直方体の相対する辺の関係を平行線と定義することもできる。

**ユークリッドの平行線公理と非ユークリッド幾何学**

　では、つづいてユークリッドの「平行線公理」について検討しよう。

　ユークリッドは、

> 平行線とは、同一の平面上にあって、両方向に限りなく延長しても、いずれの方向においても互いに交わらない直線である（ユークリッド 2）。

との否定的命題を公理とし、さらに、

> 1 直線が 2 直線に交わり同じ側の内角の和を 2 直角より小さくするならば、この 2 直線は限りなく延長されると二直角より小さい角のある側において交わること。

との公理を設けた（ユークリッド 2）。

　そうして、三角形の内角の和が 2 直角であることや直方体の各内角は直角であることをこの平行線の公理から証明したのである。

　平行線は座標と二つの傾斜の等しい 1 次方程式で定義できる。あるいは長方形の相対する 2 辺としても定義できる。なぜこのような公理が必要なのか疑問が生じる。

　一方、これは今日「平行線公理」といわれて、他の公理よりも複雑であるため、他の公理から導けるか否かが 18 世紀から 19 世紀にかけて検討された。この検討の結果、直線と同一平面上にあって直線とは離れた 1 点を通る平行線について、多数存在しても 1 本も存在しなくても、ユークリッド幾何学が成立する曲面が発見されて、この曲面で成立する幾何学は「非ユークリッド幾何学」といわれるようになった。

**射影幾何学と非ユークリッド幾何学**

　非ユークリッド幾何学の発見へと導いた「射影幾何学」の理論の成り立ちについて検討してみよう。射影幾何学では、無限遠点を不動の 1 本の直線とみなした時、さまざまな非ユークリッド曲面がユークリッド平面にどのように「射影」されるかを、座標を用いて理論づけている（たとえば津田）。

　図形数学の 2 次元平面では、非ユークリッド曲面の無限遠点を不動の 1

本の直線とみなす理論は構成できないため、射影幾何学は図形数学とは原理（公理）の異なる一つの無限についての数学といえる。

けれども、射影幾何学の理論のツールには図形数学とその座標が用いられているため、得られた非ユークリッド曲面は図形数学の３次元座標にもとづいて説明可能で、この方法で可視的に説明された多数の平行線が引ける「ボーヤイ―ロバチェフスキーの幾何学」や平行線が１本も引けない「球面の幾何学」が知られている。

ちなみに、先述の「直方体の相対する辺の関係を平行線と定義する」との確定した図形による平行線の定義によると、たとえ曲面であってもその曲面の歪みにしたがって歪んでゆく長方形が再帰的論理でどこまでも定義できるならば、平行線は１本であるということになる。このようなことから、ユークリッドの確定した有限図形によらない「平行線公理」が、副次的に「射影幾何学」という曲面上の幾何学を生んだといえよう。

なお、平面が無限遠点で１直線に見えることについては、図形数学の座標によると次のようなシンプルな説明的理論が成立する。

> $X$軸$Y$軸を含む平面$XY$とその上部（0、0、$z$）に位置する視座$P_0$を考える。すると視座から平面上の位置$P$（$x$、$y$、0）を見下ろす角度（俯角）は、$\tan^{-1}(z/\sqrt{x^2+y^2})$となる。この俯角は$x$、$y$の組み合わせで決まる方向にかかわらず$x$、$y$が無限遠$\infty$となると0となるため、平面$XY$は視座を取り巻く水平線を表わすことになる。

## 『原論』における「無限」の役割

以上でユークリッド幾何学の公理系と非ユークリッド幾何学の検討を終えるが、ユークリッドは、直角と直線を用いて正方形や長方形を公理（定義22）として規定したにもかかわらず、「長方形の対辺を平行線という」と定義せずに平行線の公理を別に設けたことへの疑問は残ったままである。

第Ⅲ章　無限数学を図形、座標、時空間概念へ拡張した本数学

　ユークリッドは、「長方形の対辺はどこまでも長く作図が可能であるゆえに平行線である」との平行線の定義に理論の不確定さを感じて、さらには当時の論争が好まれた社会において、他者からの異論のはいる余地が残ることを恐れて、平行線の公理を通して幾何学理論を「無限」に関係づけることで幾何学理論を厳密化できると考えたのかもしれない（ユークリッドが原理となる規定にさまざまな名称をつけたことについては、その理論をゼノン派による反論から守るためとの説がある（ユークリッド 489-92）。

　さらにユークリッドの平行線公理の研究もユークリッドの思想に沿って研究されたのだろう。その結果として得られた非ユークリッド幾何学が平行線公理に込めたユークリッドの思いとは逆方向に作用したとすれば、それは歴史の皮肉だろう。

**整合的な理論は無歪である**

　本書では図形数学は正しい、整合的であるとの考え方をとっている。これに加えて図形数学ならびに『原論』の定める直線や平面は無歪と考えるべきである。なぜならば、

　　ⅰ　「歪」の定義は無歪の理論にもとづいてのみ可能である。
　　ⅱ　整合的な理論は無歪であるとの考え方によると、どこまでも矛盾は生じない。
　　ⅲ　この無歪定義の方法が私たちの経験、視覚とも一致したシンプルで共通了解できるただ一通りの方法である。

と考えられるからである。

　ちなみに、空間の歪を測る「ノルム (norm)」という理論があるが、ノルムを定める理論自身が無歪でなければ相対的な歪しか測れない。

　非ユークリッド幾何学の発見により図形の歪にとどまらず理論の整合性も相対化されて、数学の歴史が本書とは異なるヒルベルトが提唱した「公

145

理論」の方向へ進んだことは物語篇で解説したとおりである。これも数学的推理法の原理が明示的でなかったことが影響したのだろう。

では次に、空間座標に時間軸を加えた時空間座標について検討しよう。

## 4　時空間の原理としての四元数の理論

### 4.1　時間の概念と時間軸となる数直線

**時間概念と数直線**

時間の概念について考察しよう。

記憶能力のほとんどない人間がいるとすれば、彼にとって時間とは現在であり、過去、現在、未来とつづく通常の時間概念をもつことはできないだろう。

記憶能力をもつ人々は自らの経験を記憶することができる。このような人々は祖先が経験し語り継いできた出来事を子へ語り継ぐことができて、これにもとづいて親から子への世代交代が未来に向かって1方向的に繰り返されると予測できる。このことはさらに、周期的に訪れる昼夜の変化、季節の変化と考え合わせて、等速的に経過してゆく時間概念を生みだし、その時間概念を未来へ延長して、昼夜や季節の変化を予測するようになるだろう。

出来事を記録できるようになると、出来事は過去から現在に至る可視的に順序づけられた記録として残る。年月日の周期を一様に記録してゆくと、現在という時間は記録を残しながら等速運動しているとみなせて、未来はこの記録のつづきとして同様に記録されてゆくだろうと予測がつく。この一連の記憶と記録の流れにより、過去から未来へつづく1本の直線上に

第Ⅲ章　無限数学を図形、座標、時空間概念へ拡張した本数学

出来事が順序づけられた時間概念が生みだされたとしても不思議ではない。

　さて、時間概念を1本の数直線に例えたとしよう。時間の場合は現在を原点0として歴史を記述しようとすると、過去の出来事は刻々と現在から遠ざかってゆくので年代が定まらない。そこでキリストの生誕など共通的な過去の出来事を基準点、紀元として、時はそこから刻々と増加してゆくとみなすのが普通である。時間はたとえ1方向的であっても、数値や数直線は双方向的である。未来へ向かって時間（年月日、時刻）が増加するとみなすと、過去の方向へ時間は減少してゆく。双方向的な時間軸を備えた時空間を用いた理論は時間に関して双方向的、対称的となる。

　このような考察にもとづくと、「時間はなぜ逆向きに進まないのか」との疑問に対しては、次の解答ができる。

　　　　経験される時間概念は、過去から現在への記録、記憶された出来事の関係、その関係の未来への予測などからなる複合概念である。時間を数直線上の位置、数直線の長さ、これにもとづく数値で表すことは、この複合概念を数学的に解釈すること、さらにいえばこの複合概念への数直線の当てはめとなる。経験済みの時間は戻れないが数直線は双方向的であるため数学的時間は自由に戻ることができる。

　空間軸の線形性については、巻尺などでどこでも共通的な距離が測定可能とみなされてきて、そのみなしに大きい誤りは見出せなかったため、測定された距離と数学的な線形性との原理の違いは顕在化しなかったようである。

　一方、時間の歴史を調べると、時間については基本的に、周期的に訪れる昼夜、季節の変化、後に地球の自転や公転が等速で経過する線形性をもつ時間軸とみなされていたようである。そして、精度の高い時計がなかったこともあり、この時間の等速性を（たとえ潜在的であったとしても）数

147

詳説篇

学上の線形性と同一視していたようである。今日では地球の自転速度は少しずつ遅くなりつつあることが知られているが、それでも毎日が等しく24時間であると考えたり、時計の狂いを知りながらも、その文字盤に12等分した時刻を書きこむなどの行為は数学的時間を物理概念や「もの」に当てはめた例といえよう。後述する「ニュートン力学」もこのような数学的時間によって力学法則が記述されている。

**数学的時空間の成り立ち**

いずれにしても、図形数学の数値、数直線にこのような時間概念を当てはめることができて、すると時間と空間に関する整合的な理論が成立するゆえに、その時間軸は数学的に厳密な線形と考えることができる。本書ではこのように成立する時空間を数学的時空間ということにする。

では、時間軸と空間軸をつなぐ理論・概念は何だろうか。

通常の幾何学や座標空間は時間軸を除外している。座標空間と時間軸によると速度概念を定義できるため、速度概念が両者を結びつけていると考えることもできる。ところが、速度概念よりもさらに原理的に座標空間と時間軸をむすびつける理論として、「四元数の理論」がある。なぜならば、四元数の理論は四則演算を拡張した演算理論だからである。

次に数学的時空間の1本の実数軸と3本の虚数軸とを理論的に直交させる四元数の理論について説明する。

## 4.2 四元数の理論の発見

**演算規則にもとづく理論的な直交性**

四元数の理論の入口理論として、まず実数と虚数の間の理論的でかつ図形に当てはめることのできる直交関係を説明する。

1に虚数$i$を次々と乗じてゆくと、

$$1 \times i = i、i \times i = -1、-1 \times i = -i、-i \times i = 1$$

となり、4回の乗算で元の1へ戻る。

このことから、実数軸と虚数軸を直交する数直線軸と考えると、$i$ の1回の乗算が原点を中心とした 90°の回転操作に相当することになる（下図）。

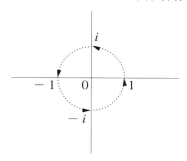

この座標平面の実数軸上で $a$、虚数軸上で $b$ となる位置は、実数 $a$、$b$ と虚数 $i$ を用いて、

$$c = a + bi$$

となる「複素数」という一つの数概念で表すことができる。これを「複素平面」という。

この複素平面上では、ある複素数 $c$ に虚数 $i$ を乗ずると乗ずるごとに、$c$ は原点の周りを 90°回転する。これを簡単な例で示す。

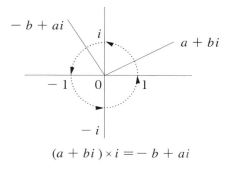

$(a + bi) \times i = -b + ai$

90°以外の回転についてもシンプルな演算法則により可能であることが知られている。二つの複素数の加減算については、実数部どうし、虚数部どうしで行うことで、二つの複素数の原点からの距離の加減算となることは明らかだろう。これらの性質を用いると2次元座標上の図形の動きを、複素数どうしのシンプルな演算で整合的に表すことができる。

## 四元数の示す4軸の理論的な直交性

3次元空間にあてはまるこのような数の演算体系があれば、立体図形の動きの演算には便利だろう。ハミルトンは、このような関心をもって3次元空間内の位置を表わす3成分の複素数を思索した結果、1843年に4成分の複素数を発見し、彼はこれを「四元数 (quaternions)」と名づけた。

この発見にいたるハミルトンの思索の経緯を簡単に説明しよう。

## 数体と乗積表

目的とする3成分の複素数を$\gamma$とする。$\gamma$で表された点Pの位置から$\gamma$の演算操作で新たな点の位置を表わすためには、その演算結果は必ず$\gamma$と同じ形式の数でなければならない。もしそうでなければ、Pの位置を順次演算で追い求めることができない。実数や複素数はこの性質(数体を構成する性質)があるため、演算を繰り返すことができるのである。

$\gamma$が多くの成分から成るとしても、図形の平行運動をつかさどる加減算は対応する成分ごとに並列的に行うことで可能である。ところが図形の回転運動をつかさどる乗算(と除算)については、各成分の符号を含めた互いの関係を整合的に規定する必要がある。この視点から見た各成分の組み合わせ表を乗積表 (multiplication table) という。

次に、実数の符号(方向性)を表わす乗積表と複素数の乗積表を示す。共に整合的に完結している。

第Ⅲ章　無限数学を図形、座標、時空間概念へ拡張した本数学

実数の符号の乗積表

| 元の成分 | 1 | $-1$ |
|---|---|---|
| 乗ずる成分 1 | 1 | $-1$ |
| $-1$ | $-1$ | 1 |

複素数の乗積表

| 元の成分 | 1 | $i$ |
|---|---|---|
| 乗ずる成分 1 | 1 | $i$ |
| $i$ | $i$ | $-1$ |

　ところが一つの実数成分と二つの虚数成分（1、$i$、$j$）からなる数では数体が構成できない。なぜならば、どのような成分に1を乗じても不変で、同一虚数成分どうしの積は$-1$であることから、下の乗積表の大部分は定まるが、＊印にどのような成分を入れても一系の乗算が整合的に完結しないからである。

一実数二虚数の乗積表

| 元の成分 | 1 | $i$ | $j$ |
|---|---|---|---|
| 乗ずる成分 1 | 1 | $i$ | $j$ |
| $i$ | $i$ | $-1$ | ＊ |
| $j$ | $j$ | ＊ | $-1$ |

　このような思索の末にハミルトンは、一つの実数と三つの虚数成分 i、j、k で構成された数（$w + xi + yj + zk$）の間には、整合的な四則演算が可能であることを発見した。そしてこれを「四元数」と名づけた。四元数の乗積表を次に示す。

詳説篇

### 四元数の乗積表

| 元の成分 | 1 | $i$ | $j$ | $k$ |
|---|---|---|---|---|
| 右から乗ずる成分 1 | 1 | $i$ | $j$ | $k$ |
| $i$ | $i$ | $-1$ | $-1$ | $j$ |
| $j$ | $j$ | $k$ | $-1$ | $i$ |
| $k$ | $k$ | $j$ | $i$ | $-1$ |

この乗積表から次の性質が読み取られる。
$$i^2 = j^2 = k^2 = ijk = -1$$
さらに、二つの異なる虚数成分の積は第3の虚数成分となるが、掛け合わせる順序を反転すると、その符号は反転する(表中で右から乗ずると断った意味である)。

$$ij = k、jk = i、ki = j$$
$$ji = -k、kj = -i、ik = -j$$

2数の間のある演算■について、$a■b = b■a$となる性質を「可換(commutative)」であるという。実数、複素数は加算、乗算に対して可換性があるが、四元数に含まれる虚数は乗算に対して非可換ということになる。

実数に同一虚数成分を2乗すると実数の符号が反転することから、実数軸は各虚数軸と直交していると考えられる。また、二つの虚数成分を乗じると第3の虚数成分になるから、それぞれの虚数軸は直交していると考えられる。結局、四元数の4本の軸はすべて他の3本の軸に理論的に直交している。

第Ⅲ章　無限数学を図形、座標、時空間概念へ拡張した本数学

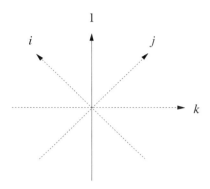

互いに直交する1本の実数軸と3本の虚数軸からなる四元数の構造
（このような2次元平面図では正確に表示できない）

　四元数から実数と任意の一つの虚数成分をとりだすと複素平面となり、その平面上に演算が定義できる。ところが、複素数および四元数の組み合わせ以外の実数軸と虚数成分軸からなる座標空間では、整合的な乗積表が得られないため、座標内で図形を自由に動かす整合的な演算は定義できない。また実質的に四元数を越えた多成分からなる整合的な乗積表は知られていない。

## 4．3　四元数の虚数軸による3次元空間と運動

　四元数の3本の虚数軸は、互いに直交しており、実数を乗ずることで自由に長さを定義できるため、3次元空間を構成するとみなせる。
　座標軸 $i$、$j$、$k$ を下図のようにとる。これは右手の平を手前に向けて、それぞれ親指、人差し指、中指の方向と一致するため「右手系座標」といわれる（この中の1本の軸の方向を逆にすると「左手系座標」となる）。

153

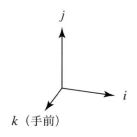

右手系座標

　互いに直交した3軸 $i$、$j$、$k$ からなる空間内部の点 $P_1$ ($x_1$、$y_1$、$z_1$) の位置は各虚数成分の和のベクトル $x_1 i + y_1 j + z_1 k$ で表すことができる（このため、四元数の虚数部を「ベクトル部」という。これに対して実数部を「スカラー部」という）

　このような空間内部にもう一つベクトル $x_2 i + y_2 j + z_2 k$ があれば、二つのベクトルを直列につなぎ合わせた原点からの位置を表すベクトルは、両者の各成分ごとの和のベクトル、

$$x_1 i + x_2 i + y_1 j + y_2 j + z_1 k + z_2 k$$

となる。

　次に回転運動を考える。

　互いに直角に保った右手の親指、人差指、中指をそれぞれ $i$、$j$、$k$ 軸とする。

　人差し指 $j$ 軸を回転軸として親指 $i$ 軸を左へ90°回転する。すると親指 $i$ は元の中指の方向 $k$ を向く。中指 $k$ 軸は元の親指の逆方向 $-i$ を向く。この関係は四元数によると、$ij = k$、$kj = -i$、との乗算に対応している。また、人差し指 $j$ 軸を回転軸として親指 $i$ 軸を右へ90°回転する関係については、$j$ を左から乗じた結果、$ji = -k$、$jk = i$、に対応している。

　つまり、私たちがものの動きを理論的に理解しようとすると、たとえ四元数の理論を知らなくても、結果的にその理論は四元数の理論と一致する

のである。

　ただし、この回転の説明は、四元数の性質の基本を理解するために$j$軸の周りの左へ$90°$回転のみに単純化した理論である。任意の角度の回転軸による任意の角度の回転についての理論は専門書を見ていただきたい（たとえば堀）。3次元の実数軸座標で表された立体図形の回転の演算には、従来の座標幾何学によると、個々の条件に合わせて複雑な方程式をたてて、それを解く必要があるが、四元数によると比較的シンプルな演算で一律に対応できるのである。ただし、$90°$の倍数以外の回転角度の演算には三角関数が必要となるが、これは図形の性質上やむをえないことである。

**四元数と時間軸の関係**

　四元数では実数（スカラー）軸とこれに直交した三つのベクトル軸の間で整合的な演算関係が成立する。一方、私たちは時間概念の流れの中で3次元空間を考えることができる。両者は重なり合うことから私たちの時空間概念そのものが四元数にもとづいていると考えることもできるだろう。

　このようにいうと、3次元座標幾何学は3本の直交ベクトル軸のみからなる理論であり四元数とは矛盾的であるとの見方が出てくるかもしれない。しかしながら、3次元座標幾何学に対する私たちの「思考」までを含めると3次元座標幾何学にも時間は伴っている。幾何学をはじめとした時間概念を含まない理論においても、時間という変数は私たちの思考の中で刻々と経過しているため、幾何学は四元数の2次元または3次元のベクトル軸だけを取り出した理論であると解釈することができる。つまり、理論に含まれる時間とは理論の中で操作できる時間であり、理論に対する人の思考時間はその理論の外にあると解釈できるだろう。

　四元数は数奇な運命をたどった。これを説明しよう。

詳説篇

## 4.4 四元数の理論の衰退と復活そして本数学の成立

**四元数の理論の衰退**

　四元数の理論は発見された当初、ハミルトンの期待したとおり、当時発展途上にあった時空間座標を用いた物理理論の便利な記述法として注目され、物理分野を主体として普及した。その最盛期には四元数に関する学会が設立され学会誌も発行された (Crowe)。

　ハミルトンは、これに呼応して四元数の応用理論なども提唱して、終生を四元数の理論の普及と四元数の哲学的考察にかけた。

　しかし、四元数の理論の隆盛は長くはつづかなかった。物理理論はその高度化、複雑化にともない、3次元空間を越えた多次元の要素についての演算が求められた。しかし、四元数の理論は原理的に時間と3次元空間に当てはまる理論であるため、これに十分対応できなかったのである。そしてこの要求に応えて、今日「ベクトル解析」といわれている理論が考え出された。

　ベクトル解析は、四元数の演算原理をヒントにして同時的に多次元の座標の演算が行えるように工夫された演算理論であり、いくつかの方法が知られている。この結果、多次元化した物理理論の演算の方法は四元数の理論からベクトル解析へと移っていった。そして時空間の記述の方法としての四元数の意義は次第に忘れ去られていったのである。

**復活した四元数の理論**

　ところが時代が移り、四元数の理論は再び脚光を浴びることになった。最近のコンピューターグラフィックスにおいて、その計算法のシンプルさゆえに3D表示（動きのある立体の2次元画面への表示）の計算アルゴリズムとして再び活用されるようになったのである。私たちは3D表示画像

を、直接的に見る世界と同様に正しいと感じる。このとき私たちは直接的に見る世界も３D画像で見る世界も共通のある基準にしたがって予測しながら正しいと判断しているはずで、その共通の基準とは複雑な演算を必要とするベクトル解析理論ではなく、その由来元であるシンプルな四元数の理論と考えてよいだろう。

　読者諸氏はものの運動の少なくともシンプルな部分については、図形に関する直観によるのではないかと考えるかも知れない。本書ではこれについて、直観と理論は明確には切り分けられない、シンプルな理論の原理は直感と経験に結びついているということを説明してゆく。私たちはたとえ四元数の理論を知らなくても、立体の構造や動きを直感的または経験的に考えると結果的に有限値の演算規則に潜む四元数の理論をなぞっているのだろう。

**数学的時空間**

　以上の検討で、本数学の理論である四元数は私たちのもつ経験的・常識的な時空間概念と一致することが分かった。時空間概念が数学理論と一致してもそれは単なる数学理論による私たちの意識の解釈であるとの見方もあり得よう。けれども数学的時空間と図形は四元数や幾何学にもとづいており、私たちがただ一通りに共通的に得られる理論でもある。このことから、この時空間概念を「数学的時空間」ということにして、図形とともに共通的な数学の原理または理論に加えることができるだろう。

**本数学の成立**

　以上で無限数学に図形、座標、時空間の原理を加えた本数学が完成した。

　無限数学に原理 10 〜 12 を追加してこの拡張が達成されたのだが、『原論』のように整数や分数を線分の長さにもとづいて考えることもできるため、本数学の原理 1 〜 9 が原理 10 〜 12 に比べてより根本的であるとは言えない。双方が合わさって図形や時間にも整合的に対応したただ一通り

で共通的な数学の原理または理論と考えることができる。

　次に、本数学の理論域を、非数学の理論へ拡張することについて、章を改めて検討を進めてゆく。

# 第Ⅳ章　本数学を拡張した科学理論

## 1　本数学を拡張した科学

**科学理論とは**

　理論の成り立ちについては古くから言葉の構造を論じる論理学のカテゴリーで考えられてきたが、17世紀頃には観察や実験などの方法から推測される結果を新たな用語、数式、論理推論規則などで記述する「科学 (science)」といわれる理論が興った。今日の科学の多くは基本的に人々の間で共通的に理解されて信頼されているといってよいだろう。

　ここでは数学的時空間と図形の理論を備えた本数学にもとづいて科学の成り立ちを考えてみる。すると、科学が本数学の原理に目的とする理論に対応した原理を加えた原理系から成り立っているとみなすことができる。さらにこの見方によると、多くの科学および非科学理論について本数学に準じて明確に理論の正しさ、信頼性、問題点などを論じることができる。このことを明らかにする。

**私たちの理論についての思考法**

　人々が共有できる科学的な理論を新たに考えだそうとするとき私たちは、

　　i　理論では数値と数式、論理推論規則は自由に使える。理論はできる限り数値、数式、論理推論規則、を用いて記述する。
　　ii　数値、数式が用いられない理論では他の共通的で科学的な用語を用いる。
　　iii　まったくこのような記述ができない対象は理論の対象とはしない。

と考えるだろう。共通的で科学的な用語の由来元には他の共通的で科学的な理論が考えられるから、

> 共通的で科学的な理論は本数学をベースとして、非数学の対象を説明する用語・法則などを加えて構成される。科学理論どうしは（潜在的に）ベースにある本数学で結ばれている。

と考えることができる。さらに、

> 非数学理論の用語・法則は、理論の作り手の関心によって理論の対象を数学的・理論的に解釈したものであり、この用語・法則と理論の対象との関係は数学によって証明されたものではない。

との性質が非数学理論である科学理論に備わっていることが分かる。

**科学理論の信頼性**

このような理論の正しさとは理論の信頼性、共通了解性の大きさであり、これは

- ⅰ 理論に用いた数学理論の共通性、整合性。および用語の科学的な整合性。
- ⅱ 理論化の対象とした事象に対する高い説明性。経験、感覚とのなじみ。
- ⅲ 他の関連科学理論との科学的な整合性。

などから得られると考えられるだろう。

正しいとの信頼感は個人の心の中に得られるため、その点は後述する言葉の意味の成り立ちに近いが、科学理論の信頼性、共通了解性の場合は、広く世界の人々が共有している他の関連科学理論にも関連づけられることで得られるだろう。

**科学理論の限界**

また、科学理論の問題点となるその限界は次のように明解に説明できる。

- ⅰ 理論と理論の対象との関係は数学理論のように証明されるもの

ではないため、数学に比べて共通性、信頼性が低い。
- ii 理論の作り手は理論の対象を説明できると信じて理論を提唱した。ある理論にとってその対象外となる理論・概念とは、理論の作り手において優先的な関心事ではなかったためか、または科学の範囲をこえているために理論化されていない部分である。したがって、理論の受け手がこの点に疑問をもっても、その理論には通常これに関する回答は含まれていない。
- iii 数学を用いて記述された理論を見るとあたかも理論の対象にも数学理論の性質が備わったかに見える。しかし、これは理論とその対象を同一視した錯覚である。
- iv これに関連するが、科学は観察にもとづいている。したがって得られた科学理論を観察が及ばない領域に適用しようとすれば、それは新たな仮定となる。

## 理論とその対象との関係

　科学理論を理論とその対象との関係から説明しよう。理論の対象が数学外部となる事象のとき、たとえ理論の対象から信頼性の高い測定値が得られて「この値には数記号 $x, y$ などを用いた数式を当てはめることができる」と考えても、これを数学的に証明することはできない。科学用語についてもそれが理論の対象に一致していることを数学的に証明することはできない。このことから、科学理論は事象に内在した性質の帰納、抽象、一般化により得られると考えるよりも、その対象に数学を当てはめて解釈したものであると演繹的に考えた方が理論の成り立ちを的確に表していることになる。

## 数学と非数学の切り分け

　科学理論の中での数学理論との切り分けは次の通りとなる。
- i 測定量を数値、数式、記号などで定量的に表した場合、その表

記自体は数学理論である。その定量的な値を数学外部の理論の対象 A に当てはめて、これを A の性質とみなすのは私たちの知的行為である。

ii 連続的な測定量には大なり小なり誤差が含まれる。それでもその測定量を数学理論上で扱うことのできる数値と考えるのも私たちの知的行為である。

**科学理論どうしのネットワーク**

さらに、複数の科学理論の関係について考える。

科学理論に加わった理論の対象についての分類、用語の規定、法則などの仮説の信頼性については、一つの理論だけでは不十分なことが多い。そうであっても、多数の理論による複合的な増強効果が考えられる。ある理論で新たに導入された「質量保存の法則」「エネルギー保存の法則」などの法則や、「物体」「質量」「原子」「生物」「人間」「死」などの用語に関連して新たな理論が生れて、これらの法則・用語をハブとする理論の科学的に整合するネットワークができて、多面的にこれらの法則・用語や理論の対象を説明できるようになれば、これをもってその理論体系はさらに信頼性を得るだろう。

このとき数学をベースとした理論どうしであれば、これを仲介して共通的なネットワークが生まれやすい。科学理論はそれゆえに他の理論と共同で理論の対象への多面的な説明が構築できて、総合的に理論の信頼性を増してゆくだろう。

このような科学理論は数式を用いた定量的な理論に限られるわけではない。定量的ではない理論であっても、他の科学理論の用語などを用いると信頼性のネットワークが築かれるだろう。

**本数学を拡張した理論**

以上の理論の見方を「本数学を拡張した理論」ということにする。

第IV章　本数学を拡張した科学理論

　ではこの理論の見方によると、本数学に準じて科学理論の信頼性や理論域が限られるゆえの問題点などを明解に説明できることをいくつかの実例で説明しよう。最初の例として、実質的に最初に数学を用いた物理学となったニュートン力学をとりあげる。

## 2　本数学を拡張したニュートン力学

**数学を用いた理論の始まり**

　ニュートン力学の説明に先立ち、まず数学を用いた理論の成り立ちの歴史を確認する。

　今日、速度については0を含めて一律に数学的、定量的に定義できることは常識となっているが、西洋ではアリストテレスによる「静止したもの」と「運動するもの」との分類を原理とする理論が長くつづいた。

　17世紀に著わされた『幾何学』(デカルト)には、$a$、$b$などの数記号を用いた関数、方程式に、今日「直交デカルト座標」といわれている座標を組み合わせると、座標平面上の点や線の位置が定まること、これにより関数、方程式による図形の理論が得られることが説明されている。

　物体の速度については、その後まもなく現れた『新科学対話』(ガリレイ)やニュートンによる力学の記述において(そこではまだ、言葉や線分の長さなどを用いた時間、長さの記載も多いが)、数記号$v$などにより定量的で数学的な速度概念が表された。「位置」はもちろんのこと「速度」「加速度」との用語は彼らの理論の中で数学的時空間上の方程式で表し得る測定可能な量として提唱された。

　これにより非数学の理論の方法は、カテゴリー分けと論理的な推論の方法から数学理論にまで拡がったことになる。本来的に理論は数学と整合的だと考えるとこれは当然の拡張だが、おそらく古くからの理論の方法にな

163

じんだ当時の人々にとって、この拡張には相当の勇気と期間を要しただろう。

**ニュートン力学の理論の構造**

　今日「ニュートン力学」といわれている理論を記述した『プリンシピア(the Principia)』(Newton)は1687年にニュートンにより発表された。

　理論は次のⅰ、ⅱの条件と、ⅲのニュートン自らが「公理」と名づけた物理法則類からなっている（次は今日の用語も併用して分かりやすく要約したものである）。

　　ⅰ　絶対的で真の数学的な時間は、その本性(nature)により、他の対象に関係なく一様に流れてゆく（ちなみに、ニュートンは時刻、年月日などの時間概念を相対的時間とよんで絶対的時間と区別した）。

　　ⅱ　絶対的空間はその本性により、他の対象に関係なく常に等しくかつ静止しつづける。相対的空間は、絶対的空間に対して等速運動する物体の位置を原点として定まる空間であり、通常は静止した空間と同様とみなされている。

　　ⅲ　以下の法則はⅰの時間とⅱの空間において普遍的に成立する。

　　　　A　力の加わらない物体は静止しつづけるかまたは直線上を等速運動する。

　　　　B　物体は固有のある質量を有する。

　　　　C　物体は力の加えられた方向へ力に比例し、質量に反比例して速度が変化する。

　　　　D　運動する物体は「質量×速度」なる運動量を有する。

　　　　E　二つの物体の間にはその質量の積に比例して、その距離の2乗に反比例する引力が働く。

第Ⅳ章　本数学を拡張した科学理論

**本数学を拡張したニュートン力学**

　このニュートンの理論が本数学を拡張した理論であることを明らかにしてゆこう。

　ニュートンはこれらの理論・概念を用いるにあたり、「時間、空間、位置、動きについては良く知られているので、定義する必要はない」と説明している (Newton 13)。ニュートンは力学理論に、「真」とみなした数学、（直交デカルト）座標、時間を用いたのである。これは第Ⅲ章で理論づけた数学的時空間であり、この時代の数学の見方でもあったのだろう。

　ⅲの法則は「物体の質量」「力」「引力」などと名付けられた量の関係を数学的時空間座標の方程式で定まる位置、速度、加速度を用いて表したもので、本数学に新たにこれらの前提となる用語・法則・概念を追加して理論を構成した「本数学を拡張した理論」とみなすことができる。数学理論とは異なり、これら追加された用語、法則について、正確に理論の対象（天体の動きなど）に一致しているか否かは本数学で証明できる問題ではない。

　ではこの理論の内容を検討してゆこう。

**座標の原点のニュートンによる説明と慣性系**

　ⅱの絶対的空間、相対的空間の区別については説明を要する。

　ニュートンは座標の動きを静止、等速運動、加速度運動に分類して、法則の成立する前の二つの座標に対応する空間を絶対的空間、相対的空間とよんだ。

　ニュートンはこれに関して、

　　　　　A　等速運動する海上を航行する船上でも地上と同一の力学
　　　　　　　法則が成り立つ。
　　　　　B　太陽や近くの恒星を静止系とみなすと惑星の運行について
　　　　　　　力学法則が成り立つ。

などを例に挙げて説明しているが、太陽も近くの恒星も静止を確認する方

法はなく、結局のところニュートンの説明は「静止または等速運動している系とはニュートン力学の成立する系である」との同語反復的、循環論法的な理論を脱してはいない。

ニュートンのいう絶対的座標・相対的座標をニュートン力学の理論にもとづいて考えると、

　　　加減速も回転もしていない等速運動する座標。

ということになり、これは今日では「慣性系」といわれている。

また、海上を航行する船上でもマストの上から落とした物体は地上と同様に真下に落ちることはガリレイが最初に説明したため、ニュートン力学の相対速度の異なる座標でも成立するとの性質は今日では「ガリレイ変換に不変の性質」といわれている。

**座標の原点の問題の起因、本数学の理論域**

座標の動きを規定する困難さの原因は本数学の理論域にもとづくと、

　　i 本数学では、最初に一つの座標が定義されれば、その座標にもとづいて点、図形、他の座標などの位置や動きの理論・概念を定義することができる。しかし最初の座標の位置や速度に関しては本数学の理論域外であり、理論づけることができない。これは時間の原点を理論づけることができないことと同様である。

　　ii かといって、座標の原点を宇宙に固定する科学的理論は見出せない。

と考えられる。

数学的時空間座標を用いることにより、ニュートン力学は本数学と同等の明確な理論の構造を得た。その代償として、原点の位置や動きに関する数学外部の理論とのつながりを失ったのである。この問題は地上で座標系を用いる間は特に問題とはならなかったが、宇宙を対象とすることで顕在

化したといえる。

**数学用語の位置、速度、加速度**

　この説明で用いた用語「位置」は数学的時空間座標で定義できる。「速度」は数学的時空間座標で位置の時間に対する変化量として定義できる。「加速度」はニュートン力学で初めて理論として導入されたが、これも数学的時空間座標で時間に対する速度の変化量として定義できる。いずれの値も本数学による確定した値である。

**本数学に追加された運動法則**

　次に、iiiの運動法則をみてゆこう。

　質量に関する法則の導入に当たり、ニュートンはまず物体の質量を体積×密度と説明している。しかし、密度を定めようとすると質量が必要で、この説明を追求すると悪循環となるだろう。また、ニュートン力学における物体とはその性質として数学的な位置を表す点と力学法則に必要な質量のみをもつ（これを質点という）。ニュートン力学には物体の規定に関するこれ以上の理論・概念は特にないため、結局「物体」はニュートン力学において新たに加わった仮定的用語であり、ニュートン力学単独では規定しつくせない用語ということになる。

　Ｃの法則は、物体の質量 $m$、力 $f$、加速度 $a$ として、比例係数を省略して表すと、

$$a = f / m$$

となる。このうち加速度は数学理論として得られるが、この式では力と質量の双方の値が定義されるのではなく、その比が定義されるにすぎない。

　けれども、質量が常に一定であることを認めると、質量に関連する理論は科学的に整合的である。質量と力の関係や体積と密度の関係が多くの科学的に整合的な理論を生むと同時に、質量の概念が物体を加速する時の力の感覚などで確認できれば、この理論は信頼性を生んで、「一定の質量を

もつ物体」との実体的な概念を生みだすだろう。結局、「物体」および「質量」とは科学的に整合的な理論の構成要素となる物理的な仮定であるとの見方におちつく。

　Dの運動量については、力が加わらない限り物体の速度は変らないため、「運動量保存の法則」が得られる。

**ニュートンによる天体の運動の記述**

　Eは有名な「万有引力の法則」である。ニュートンはこの法則を導き出すに当たり、まず遠心力と引力のバランスを考えて、仮に引力が距離の2乗に反比例するならば、衛星の回転周期は回転半径の3／2乗に比例することを数学的に証明した。次に、木星の四つの衛星の動きがこれに当てはまることを、数学的な正確さに欠ける観測データで確認した（惑星の回転周期が回転半径の3／2乗に比例することは「ケプラーの第3法則」として知られていた）。そこには、天体の動きを引力により数学的に説明するとの強い意志が明確に読み取れる。このような目的意識に沿った理論化により、天体の動きを表す万有引力の法則が得られた。

　これを今日用いられている方程式で表すと次となる。ただし$f$は引力、$m_1$、$m_2$は2物体の質量、$d$は2物体間の距離で、比例係数は省略する。

$$f = m_1 \times m_2 \bigg/ d^2$$

「引力」を規定するものは「二つの質量」とその距離である。

**ニュートン力学自身の座標の原点**

　ニュートンによる座標の説明とは別に、運動方程式の成立する外力の加わらない座標を考えてみよう。ニュートン力学では、二つの物体間だけの力のバランスを考えると二つの物体間に働く力は同じ大きさで反対方向となる。さらに2物体には加えられた力に比例して質量に反比例した加速度が加わる。このことから、2つの物体の重心を座標の原点として表した運動方程式は、外力の働かない無重力の空間での2物体の動きを表すと考え

得る（これは物語篇での説明と主語と述語が逆だが双方は整合的である）。

**ニュートン力学はなぜ地動説か**

　ニュートンは地動説を理論づけたとされているが、この理由は、太陽の質量が地球の質量に比べて圧倒的に大きいことで、この不動の原点の位置が太陽付近となるからである。今日では太陽の質量は地球の約３３万倍あるため、両者の重心の位置は太陽内部となることが分かっている。また木星の質量は地球の約３００倍あるため、木星の動きに影響された太陽の動きが観測されている。このようなわけで、ニュートン力学は太陽と地球のどちらが動きどちらが静止しているかを決定しない。それは相対的なのである。

**ニュートン力学で構成した宇宙**

　三つ以上の天体の引力（重力の場）も重ね合わせることができるため（実際に計算可能か否かは不問とすると）、外力のない空間での $n$ 個の天体の運動は $n$ 個の天体の重心を原点とした座標による運動方程式で表される。$n$ を宇宙の全天体の数へ拡げることができれば、この全天体の重心を原点とした方程式が宇宙の天体全体の動きを表すことになる。もちろんこれは理論上の話であり観測で確認することはできないだろう。

**宇宙全体は回転しているか**

　先の慣性系にもとづいて考えると「宇宙全体の回転を測る足場がないから、その回転の有無を確認できない。ところが宇宙全体がもし回転しているとすると、その遠心力により天体の動きはニュートンの運動方程式だけでは表せなくなる」との心配が生じる。

　慣性系はニュートン力学の成立する座標系である。上の全天体の重心を座標の原点とする系もニュートン力学の成立する座標系という点で慣性系と同等である。しかし、全天体の重心を求める理論の構成過程には宇宙の回転が入り込む余地はない。ニュートン力学は本来的に回転していない座

標系を想定した理論となっているからである。

　慣性系とは「ニュートン力学の成立する宇宙」を自らの理論で条件づけたものであり実在するわけではない。慣性系を実在すると考えるからその回転が気にかかるのだろう。

**ニュートン力学の外部となる理論・概念**

　ニュートンは観測データが運動方程式で記述できることを信じて、観測データと目的とする方程式との差異に対する疑問を一つずつ丁寧に取り除いていったのだから、ニュートン力学自体にこの差異に関する疑問の回答が含まれないのは当然といえる。

　座標の原点の問題以外でニュートン力学から回答の得られない主な疑問を挙げておく。

　　i　ニュートン力学の時空間の尺度は数学的な座標目盛となっており、理論との誤差はありえない。一方、ニュートンは力学法則の確認実験では、不正確な時計の示す時間を用いた。木星の衛星の回転周期を測るために地球の公転と自転の周期から求めた当時の時間を用いており、これには誤差がつきまとう。天体の位置測定にも誤差があっただろう。その後、物理的な時間や位置の測定精度は改善されたが、数学的に線形である時間、位置と物理的な時間、位置という原理的な違いは解消されることはない。

　　ii　実際上も法則から得られる理論値と観測で得られる測定値は正確には一致しない。ニュートンはこれを主に当時の高くはない観測技術から生じる測定誤差と考えたのだろう。後に確率論や相対性理論によりこの誤差が説明されることになる。

　　iii　観測対象の天体は常に周囲の多くの天体からの引力の影響を受けている。物体が複雑な形状であったり、物体が三つ以上に

なると、多くの場合、運動方程式は複雑化して実際上解が求められなくなることが今日では知られている。この状態を「カオス（caos）」という。したがって、法則で予測できない天体の動きもあり得る。

**ニュートン力学の信頼性**

このような多くの問題を含むニュートン力学であるにもかかわらず、信頼性のある理論として普及してきた理由は次のように考えることができる。

　　i　当時真理とみなされて人々が共有する数学的時空間座標とシンプルな方程式によって、それまで個別的であった身近な物の動きから天体の運動までを統一的に説明できるようになった。

　　ii　さらにニュートン力学をベースとした関連理論が次々と生まれて、ニュートン力学の法則、用語について科学的に整合する理論のネットワークが生まれた。

　　iii　これらの理論群は「科学」といわれてその後の技術革新を生みだした。

以上でニュートン力学が本数学を拡張した理論とみなせることの説明を終了するが、終わるにあたり、天体の運動の理論づけに用いられた微分積分値の厳密性に関するニュートンの見方を考察しておこう。

**微分積分値に対するニュートンの見方**

ニュートンは、ウォリスにより導入された「無限小」の理論を知っていたと推定されるが、微分積分値は確定値であり無限小は必要ないと考えたようである。この理由として、当時の数学者にあったといわれる「無限論は矛盾を生みだす難問にすぎない」との考え方をあげることができるが、さらに基本的には、残された微分積分概念の検討図式と解説により、「限りなくつづく再帰的論理は完遂しないとみなすよりも、完遂するとみなした方が理論は対象を整合的に説明できる」と考えたのだろうと推定できる。

詳説篇

　つづいて、「確率論」をとりあげる。確率論は科学のツールとして広く用いられている数学理論だが、これをニュートン力学の後で説明する理由は単に説明の分かりやすさを考慮してのことである。

## 3　本数学を拡張した確率論とその応用理論

### 3.1　確率論

**力学法則の限界**
　物体が複雑な形状であったり、物体が三つ以上になると、その運動は多くの場合カオス状態となり、ニュートンの運動方程式によって実際上予測できなくなる。
　また地上で起こる力学的な事象を例にして考えると、事象には重力、空気抵抗、温度差、地磁気、など数えきれない物理条件が関係している。これを「複雑系」という。測定して得られる値はその測定系自体も複雑系であるため測定値の精度には限界がある。
　私たちが日常接している事象のほとんどすべてはカオスや複雑系であるため、これにはシンプルな力学法則をうまく当てはめることができない。

**離散的な確率概念と確率変数**
　コインを投げてどちらの面が出るかを予測しようとしても、面の出方に影響する因子は複雑すぎて予測不可能である。しかし、
　　　これから投げるコインのどちらの面が出るかは分からないが、コインの形状が表裏で対称的だとすると表裏の出る割合は同程度に確からしく、その比率はそれぞれ１／２だろう。
と常識的に考えることができる。

この考え方を一般化した事象の数学モデル、

> 1回の事象により常に一定の確率 $p_1$、$p_2$、$p_3$、…、ただし $p_1 + p_2 + p_3 + \cdots = 1$、をもつ複数の結果のどれか一つが得られる。

は「確率論」の原理とされており「確率変数」といわれている。「多項分布」といわれるこの離散的な確率変数には、横軸上に起こり得る結果（通常は数値）を並べ、それぞれの確率を縦棒の長さで表した分布図を当てることができる。

**連続的な確率概念と確率変数**

止まった位置を角度で測るルーレットがあったとすると、

> これから回すこのルーレットの止まる角度は予測できないが、止まる可能性は0°から360°の連続的な角度すべてに同程度に確からしい。

と考えることができる。このような連続的な確率概念には次のような確率分布を当てる。

> 得られる結果 $x$ の値域を横軸にとり、結果全体の得られる確率の1を面積1として、横軸にとった結果 $x$ の位置に応じた高さ $y$ で確率（正確にいえば確率密度）を表す。

この方法によると、この場合の確率分布は面積が1で結果の値域0°から360°の間で高さが一定の長方形で表される。さらに、連続的な確率変数には結果の値 $x$ により確率 $y$ の変化する確率密度関数 $y = f(x)$ が定義できる。

**測定値の誤差の問題**

最初の連続的な確率変数は、数学者カルル－フリードリッヒ－ガウス（1777-1855）が天体観測のデータのバラツキを処理するために考案した釣鐘型の確率変数であり、これは今日「ガウス分布」または「正規分布」といわれている。

方程式で表された理論は正確に理論の対象を表していると仮定すると、測定値の理論値からの分散 $V$ は測定誤差とみなせる。したがって測定誤差を別途検討して、$V$ が測定誤差に比べて大きくなければ理論は正しいとみなせるだろう。

**統計的推測**

理論の対象自身にもバラツキが含まれているかも知れない。この場合には、まず、理論の対象全体からなる集まりを母集団とみなして母集団から測定データを得て、これらデータのバラツキの成因について、測定誤差、サンプリング誤差、母集団自身のバラツキまたは傾向などと分析して、母集団の性質を推測する方法がよく用いられている。これを「統計的推測」という。この方法によると、バラツキのあるデータから母集団の性質を確率的に推測することができる。

連続的な値が得られる対象であっても測定で得られるデータは個別的だから、対象を母集団と解釈して同一の理論が適用できる。物理的測定値には測定誤差はつきものであるため、統計的推測は測定値から方程式や分類などを用いた法則を得るための科学的方法といえる。

**統計的推測とその演繹性**

今日では統計的推測の演算を中心とした過程でコンピューターが用いられており、その範囲では結果は数学理論として得られる。これに対して私たち人間は、ある目的で理論化の対象を定め、対象の測定法、測定データの処理法を計画して、最後に得た理論で元の対象を解釈する。したがって統計的推測も本質的に演繹的といえる。

**連続的な確率と離散的な確率との関係**

連続的で一様な確率変数の値域を2等分するとコインの片面が出る確率の1／2と一致して、6等分するとサイコロ投げの確率の1／6と一致する。このことから、連続的な確率と離散的な確率は整合的な関係にあ

り、双方とも、

> 一定の一様な可能性の範囲で一様に起こり得る確率事象がある。

とのシンプルな確率概念にもとづいていることが分かる。

**ランダム問題と確率論**

しかしながら、ルーレットの止まる位置について、

> なぜ一様で連続的な確率変数のある位置で止まるのか。

またはコインの面の出方について、

> なぜ出現率が同等のコインのどちらかの面が選ばれるのか。

との疑問は今日の人間の知識では回答不可能の難問である。これを「ランダム問題」ということにする。

ランダム問題は回答不可能であっても、確率論によるとさまざまな確率的な解釈が得られる。このため、確率論とはランダム問題を確率変数・確率分布に置き換えて、事象を確率的に解釈するための汎用的な理論といえるだろう。

**離散的な確率事象の繰り返し**

先のコイン投げについて私たちは、

> コインを投げる回数を $n$、ある目のでる回数を $m$ としたとき、ある目のでる比率 $m/n$ は少数回ではばらつくものの、コイン投げの回数を限りなく増やしてゆくと $1/2$ に限りなく近づくだろう。

と経験などから予測するだろう。これを「大数の法則」というが、本数学では次のように定式化できる。

$$\lim_{n \to \infty} m/n = 1/2$$

$m$、$n$ は整数であるため $n$ が奇数のとき $m/n$ は $1/2$ とはならないが、無限回 $\infty$ では $m$ も $n$ も無限値 $\infty$ となるためこの式は数学的に正確である。

では次にコイン投げを繰り返したときに生じる分布の性質について、ブ

レース‐パスカル（1628-1682）が『数三角形論』において賭博の勝敗確率を論じた「二項分布」といわれる数学モデルにより検討しよう。二項分布は確率分布の基本となっている。

**二項分布**

1回の事象により結果A、Bのどちらかがともに0ではない確率で得られるとすると、1回の事象ごとに得られるA、Bの配列の仕方である「順列」の種類は2倍になる。したがって$n$回の事象で得られる順列は$2^n$個となる。一方、ある順列が得られる確率は順列に含まれるA、Bの回数、いわゆる「組合せ」により定まる。そこでこの順列をAの回数が0から$n$の組合せ別に集計すると次の「二項分布」が得られる。

Aの数で集計した順列数と組合せ数

| 事象回数$n$ | 0 ・・・・・・・・・・ $n$ Aの数 |
|---|---|
| 1 | 1  1 |
| 2 | 1  2  1 |
| 3 | 1  3  3  1 |
| 4 | 1  4  6  4  1 |
| 5 | 1  5  10  10  5  1 |
| ・ | ・・・・・・・・・・ |

二項分布によると、$2^n$個の順列は釣鐘型の分布となりその組合せ数は$n+1$となる。このため、二項分布の相対的な分散は事象の回数$n$が多くなるほど小さくなる。

**二項分布の収束**

本数学においては、二項分布する事象が無限回・無限個となるときその確率は収束して確率分布は構成されない。この検討をシンプルに進めるた

めに、二項分布の最大高さ（順列数）ではなく平均高さを用いてその幅と高さの比を求める。

$n$ 番目の二項分布の一つの組合せ当たりの平均順列数は $2^n / (n+1)$ だから、組合せ数／平均順列数は、$(n+1)^2 / 2^n$ となる。この数列は、$n \geq 3$ で下限値が０の単調減少数列となるため、

$$\lim_{n \to \infty} (n+1)^2 / 2^n = 0$$

となり、分布の幅（組合せ数）は無限回∞で平均高さ（平均順列数）に対して０に収束する。これは二項分布する確率事象の無限回に対応する確率分布とは高さ１の１本の線であることを表している。

これは本数学において無限集合の要素どうしの関係づけが不可能であること（第Ⅱ章４節参照）と整合する。これはまた、二項分布とは（限りなく大きくなり得る）有限回の事象に対応した概念であることを表わしている。

なお、$n$ 回の事象によって上記の二項分布の一つの枝が完成するが、枝の選択はランダムだから、事象を $2^n$ 回繰り返したとしても上記の二項分布が完成するわけではない。このことから、二項分布は可能性を列挙した一つの数学モデルにすぎないことが分かる。

**確率論の成り立ち**

以上の検討によると、確率論とは「個々の結果の成因を知り得ないランダムな事象について確率概念により成因や結果を推測する」ことを目的として、「確率変数・確率分布をもつ確率事象」という数学モデルを本数学に新たな前提として加えて構成された「本数学拡張の理論」だと考えることができる。

**科学のツールとなる確率論・統計的推測とその正しさ**

私たちが日常的に接する出来事は混沌としている。ある事象に関する

データを眺めても理論化の手掛かりが得られ難いことがむしろ普通だろう。

このようなときでも、対象を定めて測定データを統計的に処理すると、データの由来元となる母集団を推測したり、データの由来元が想定した母集団に当てはまるか否かについての確率が得られたりする。いいかえると、確率論・統計的推測は数学的に解釈困難な理論の対象に、確率分布というファクターを加えて数学的あるいは分類的な解釈を可能とするための科学のツールとなっている。

確率論である事象を解釈するということは、その事象に対してある確率変数や母集団の性質などを当てはめて数学的あるいは分類的に解釈するということである。したがって、成立した理論の正しさとは、

 i 確率論を構成する数学の正しさ。
 ii その理論の確率的解釈の経験などとの調和感。
 iii その理論の他の科学理論や概念との科学的な整合性。

などから得られる理論に対する信頼性、共通了解性の大きさだろう。

## 確率と科学性

非数学の理論は事象に対する理論の当てはめだから、この側面からは事象に当てはまる確率が高いほどその理論は信頼できる科学的な理論だということになる。

では、当りにくい天気の長期予報は非科学的だろうか。実態として、天気予報は長期になるほど予報の幅が大きくなって、当たりにくくなってゆく。しかし当たる確率を科学的に検討して確率を含む予報を得たとすれば、それは全体として今日の科学の限界を踏まえた科学的な予報といえるだろう。科学理論は理論の根拠にさかのぼった共通了解性で成立するからである。

## 今日の確率論の基礎の解釈

ここでは詳細にはふれないが、今日の確率論は確率（事象）の無限集合

により基礎づけられている。

　本数学にもとづくと、確率変数に対応して無限個の確率（事象）が存在するのではない。無限個の確率からなる集合を想定しても、個々の確率(事象）を積み上げて内部構造をもった無限集合を構成することはできない。確率分布や母集団はどこまでも大きくなり得る有限の変数や集合である。

　つづいて、確率論の応用理論について考察する。

## 3.2　確率論と熱力学

**確率分布の科学性**

　連続的な確率変数は物理学に応用されている。たとえばある温度の気体分子の運動について、気体分子をある形状とみなして確率変数概念に沿って気体の衝突確率はその衝突方向から見た分子の投影面積に一様に比例して衝突は一様な角度で発生すると仮定して計算すると、気体分子速度の確率分布を求めることができる。

　個々の気体分子の動きを不問として、気体分子速度の確率分布を数学的に構成する理論は、先のランダム問題や統計的な推測の問題を避けることができるため、より大きい理論の信頼性が生まれるだろう。

**熱力学とエントロピー**

　「熱力学」は、19世紀の産業革命のけん引役となった蒸気機関の「熱効率（仕事量／消費エネルギー）」を理論づけるとの目的で生れた。熱力学の基礎理論は一定質量の気体の「圧力×体積」が温度に比例する「理想気体」を用いて理論づけられている。さらにこのような理想気体の性質はある確率分布をもつ気体分子の運動で説明される。

　ルドルフ-クラウジウス（1822-1888）は熱力学の原理を二つの法則にまとめた。熱力学の第1法則は、あるエネルギー的に閉鎖した系を想定して、

詳説篇

　　　　系に与えられた熱エネルギーは、仕事量と失われた熱エネルギー
　　　　の和に等しい。
との「エネルギー保存の法則」であり、第２法則は、ある温度的に閉鎖された系の内部に温度差がある気体などが置かれた状態を想定して、

　　　　熱量は自然に高温側から低温側に移ってゆく。
との「エントロピー増加の法則」である。

　エントロピーとは温度差のある２種の気体などの混ざる度合いをいう。そして温度差のある２種の気体が混ざり合いながら、気体全体が一定温度の平衡状態に変化してゆくことを、「エントロピーが増加する」という（今日、エントロピーとはさまざまな物の混ざる度合いを表わす）。

**エントロピーの増加は時間の方向を定めるか**

　「エントロピーは必ず増加するゆえにこの法則は時間に方向性を与える物理法則である」との見方があるが、これには疑問の余地がある。

　本数学の理論には因果関係は内在しないことを第Ⅰ章で説明した。理論の対象を数学理論で説明する通常の物理理論においても、時間軸は双方向的である。このことは、たとえば惑星の回転の向きを反転させても、ニュートン力学が成立することで分かる。人は自らのもつ１方向の時間概念を時間軸に当てはめて理論を解釈しているのである。

　では、このような物理理論の構造において、なぜエントロピーが１方向的に増加するのかとの問いには、

　　　　人工の関与しない平衡状態の系あるいは自然状態からランダムに
　　　　選ばれた系において、エントロピーの変化はランダムで時間の方
　　　　向性とは関係ない。このようなランダムな変化の中で「初期状態」
　　　　としてエントロピーの小さい時点を選んでみる。すると、将来に
　　　　向かってエントロピーが増加する確率が高い。しかし、同じ確率
　　　　で過去に向かってもエントロピーが増加している確率が高いはず

である。

　　エントロピー増加の法則は、初期状態として、エントロピーの小さい系を合目的的に選択したから成立するのである。これは「手で持ち上げた石を放すと落下する」という法則と大きな違いはない。

と答えることもできる。

　私たちの身近には摩擦熱の発生や湯と水の混合などエントロピーが増加する現象が数多くある。しかし宇宙に目を向けると恒星の消長などの測り知れない規模の物質・エネルギーの輪廻が観測される。これらの現象でもエントロピーは増加しつづけていると理論づけられているわけではない。つまり、エントロピー増加の法則は身近な対象の観察にもとづいた局所的な法則といえそうである。

　一般的に理論は何らかの関心・目的により作り出されるため、少なからず合目的的性格をもつ。その中でも、熱力学は特に「熱機関の熱効率を理論づける」との目的を達成するために熱機関で生じる人工的な条件を理論づけたものである。このため特に合目的的性格が強く、その理論の有効範囲には注意が必要だろう。

　次に物理理論の理論域を「マクスウェルの魔物」を例題にして検討しよう。

## マクスウェルの魔物

　ジェームズ-マクスウェル（1831-1879）は「マクスウェル－ボルツマン分布」として知られる気体分子の熱運動速度の確率分布を理論づけたが、後に次の「マクスウェルの魔物」を問題提起した。

　　容器に一定温度の気体を満たし、容器内を中仕切りによりA室、B室に分ける。中仕切りに扉を設けて、扉に番人を配置する。熱運動する気体分子の速度はある確率分布をしている。番人は平均

速度よりも早い分子がAからBへ飛び移ろうとした時と、平均速度よりも遅い分子がBからAへ飛び移ろうとした時に限って扉を開ける。これを繰り返すと、A室よりもB室の方が気体の温度が高くなり、全体のエントロピーは減少する。

マクスウェル－ボルツマン分布は、「気体分子の動きはランダムだが個々に力学法則にしたがう」との前提から気体分子の速度の確率分布を求めたものである。マクスウェルの魔物はその前提条件を破壊し確率論を適用できなくしてしまう理論外部からの新たなちん入者であり、魔物は理論の科学的整合性を破壊する禁じ手である。

### マクスウェルの魔物の理論化の問題

なお、後に、マクスウェルの魔物は存在しないことがシラードによって証明されたとされているが、この証明は次のように解釈できる。

i 今日の理論（Aとする）は「マクスウェルの魔物」の存在は想定していない。マクスウェルの魔物は理論Aの理論域外である。

ii マクスウェルの魔物を理論Aと理論的に比較しようとすると、魔物を理論づける必要があり、それは理論Aではできない。

iii したがって、比較の理論には魔物の動きを理論づけるための新たな原理Bが含まれている。

iv このような関係において比較の理論が魔物の存在を否定したとすれば、それは原理Bが理論Aと整合的だったからであり、魔物の存在を肯定したとすれば、それは原理Bが理論Aと不整合だったからと考えられる。この関係は数学理論とその依存の理論の関係（第Ⅰ章3・5節参照）に相似している。

理論Aに依存した理論によって、理論Aに矛盾がないことを立証しても、それは自己満足というものだろう。今日では、理論Aは理論Aに関係する多くの科学的に整合する理論により信頼性を得ている。

## 3.3　量子論

　量子論では、光子や電子の位置や動きは同時に精密に測定できないとされ、その測定値は確率分布を用いて記述されるようになった。このような理論において、光子や電子の位置や速度に因果律が当てはまらない例が知られているが、因果律を当てはめようとすれば、因果律を含む理論で理論の対象を説明する必要があるだろう。確率概念の起こりには因果関係があったが、数学理論である確率分布には因果関係は内在しない。こう考えると、光子や電子の挙動に因果律が当てはまらないことは、確率分布を用いた理論の当然の帰結とも考えられる（確率変数には個々の事象の生起に関するランダム問題が未解決のまま伴っていることを思い返していただきたい）。

　では次にニュートン力学に置き換わったとも考えられている相対性理論について、本数学を拡張した理論の視点を交えながら考察することにする。

# 4　相対性理論

## 4.1　相対性理論とその前提理論

**電磁気学の発展**
　ニュートン力学が現れて以降相対性理論が現れるまでには、次のような光、電気、磁気をめぐる理論の発展があった。
　物質が原子からなるとの原子説の普及につれて、17世紀後半、光の「本

性」について粒子説と波動説の二つの説が提唱されてせめぎ合った。仮に光が波動するならば、空気中を伝わる音のように、宇宙は光の媒体（「エーテル」とよばれた）で満たされていると考えられた。すると、地上は地球の自転や公転によりエーテルに対してさまざまな速度をもつため、地上で測定される光速はその影響を受けるはずである。この影響を確認するために、エーテルに対して異なる速度をもつと想定されるいくつかの測定条件において、光速が測定されたが、「光速はエーテルに対する速度によらず一定である」との結果が得られた。

19世紀中ごろ、マイケル-ファラデー（1791-1867）は磁石および電流が生み出す磁力（＝磁力線、磁場）と磁力の変化により導体中に引き起こされる電流との相互の関係を見出した。これは今日「ファラデーの電磁誘導の法則」として知られており、電磁気学の原理とみなされている。

マクスウェルはファラデーの法則にもとづいて、変化する電流の作用により生じて真空中に伝わるエネルギー波（電磁波）の様子を一連の微分方程式で表した。これは「マクスウェルの方程式」といわれており、この方程式によると真空中の電磁波（＝光）の速度 $c$ は、真空中の誘電率を $\varepsilon_0$、真空中の透磁率を $\mu_0$ とすると、

$$c = 1 / \sqrt{\varepsilon_0 \times \mu_0}$$

と表せる。

その後、電磁波は実測されて、さらに光は幅広くある電磁波の波長の一部の波長域とみなすと両者は一律に理論づけられることが分かり、真空中の光速は測定系の位置、速度に影響されず一定であることが理論的にも測定的にも確認されたことになった。

しかし、当時の理論によると、同一とみられる電気磁気の関係には二つの法則があった。導体が静止して磁石が動いている場合は、磁石の周囲にはあるエネルギーをもった電場が発生して、導体内の各点においてこの電

場が電流を生みだす。逆に磁石が静止して導体が動いている場合は、磁石の周囲には電場は発生しない、しかし導体の内部には、電流を引き起こす起電力（ローレンツ力という）が生じるというものであった。

**当時の時空間概念**

　当時の時空間概念についても再確認しておく。

　空間概念についていえば、19世紀末に平面で成立するユークリッド幾何学の他に歪みのある曲面で整合的に成立する非ユークリッド幾何学が発見されて、平面をユークリッド面、それ以外の幾何学、数学の成立する曲面を非ユークリッド面と区別するようになった。

　座標と物理理論との関連については、すでにニュートン力学により「外力の加わらないある質点を原点とする座標」すなわち「等速運動系」「慣性系」の概念が確立した。

　四元数の理論についていえば、これを用いて相対性理論が論じられたこともあるが、ハミルトンの提唱した四元数と時空間概念との深い関係は十分理解されず、四元数の理論は「時空間を記述できる便利な道具」とみなされていたようである。

**相対性理論の基礎―アインシュタインの考え方**

　さて、このような理論環境の中で、1905年、アインシュタインは今日「（特殊）相対性理論」とよばれている論文『動いている物体の電気力学』を発表した。彼はその序文で電気磁気の上の二つの法則にふれた後、

　　　上述の話と同じようないくつかの例や、"光を伝える媒体"に対する地球の相対的な速度を確かめようとして、結局は失敗に終わったいくつかの実験をあわせ考えるとき、力学ばかりでなく電気力学においても、絶対静止という概念に対応するような現象はまったく存在しないという推論に到達する。いやむしろ次のような推論に導かれる。すなわち、どんな座標系でも、それを基準にとっ

詳説篇

　　　たとき、ニュートンの力学の方程式が成り立つ場合（このような座標系は現在では慣性系と呼ばれている）、そのような座標系のどこから眺めても、電気力学の法則および光学の法則はまったく同じであるという推論である（アインシュタイン）。

と、理論の原理を光速一定とする理由を説明した。

　このアインシュタインの推理はニュートン力学の範囲にとらわれない理論を目指しており、光学的観測を主体とする物理学の立場からは当然あり得る考え方だろう。ただし、電気磁気の関係について上述の二つの理論が成立すること自体は特に問題ではない。理論はある関心にもとづいて成立するため、ある理論の対象に関して二つの関心から二つの理論が共約的に成立することは起こり得るからである。

　さらにアインシュタインは理論に用いる時空間座標に関しては

　　　これから展開される理論では——他のどんな電気力学でもするように——剛体の運動学をその基礎とする。なぜならば、どのような理論でも、そこに述べられることは、剛体および時計と電磁的過程との間の関係に関する主張であるからである。

と説明して、空間の座標軸を剛体、時間を時計の刻む時間とみなした。

## 相対性理論

　では、相対性理論の前提理論と内容を概略的に説明する。

　　i　真空中の光速は測定系の位置、速度に影響されず一定であることを物理学の前提理論とする。

　　ii　異なる場所に置かれた時計の同時性は互いに「光」の往復時間の平均値として決定される。

　　iii　i、iiによると、相対速度が０の異なる場所の同時性とは同一場所における同時性といえる。

　　iv　i、iiによると、次のように相対速度をもつ座標系の相手方の

時間が遅れ、相手方の剛体の長さも短縮する、との関係が数学的に導かれる。すなわち、

$X$ 軸が平行した二つの慣性系座標 $A$、$B$ があって、$X$ 軸方向の両者の相対速度を $v(>0)$、$A$ 座標の時間を $t$、$X$ 軸方向の長さを $x$、これに対応する $B$ 座標の時間を $\tau$（タウ）、$X$ 軸方向の長さを $\xi$（グザイ）、$c$ を光速として $\beta = 1/\sqrt{1-(v/c)^2}$、とおくと、
$$\tau = \beta(t - (v/c^2)x)$$
$$\xi = \beta(x - vt)$$
との関係が成立する。$Y$ 軸、$Z$ 軸は変わらない。（これは後に「ローレンツ変換」と名づけられた）

 v ローレンツ変換は時空間の構造を定める。したがって、相対的速度をもつ時空間の間では物理法則はガリレイ変換には従わずに、ローレンツ変換される時空間において不変である。

さらにこれにつづけて、

 vi ある慣性系に置かれた二つの時計のうちの一つに加速度を加えて移動して元の位置に戻したとき、慣性系に静止したままの時計に比べて加速度が加わった時計の時間は遅れる。

 vii エネルギー $e$、質量 $m$、光速 $c$ の間には $e = mc^2$ なる関係が成立する。

との新たな法則が導き出された。

さらにローレンツ変換にもとづいて、$ds$ を変換に影響されない不変量とする次の方程式がミンコフスキーにより導かれ、これは「4次元ミンコフスキー空間」と名づけられた。
$$(ds)^2 = (cdt)^2 - (dx)^2 + (dy)^2 + (dz)^2$$

なにはともあれ、このアインシュタインの相対性理論は本書で説明してきた数学的時空間とは異なる時空間を提唱しているという点で話が複雑で

## 詳説篇

ある。このことを次に検討しよう。

### 4.2 根底にある数学的時空間

私たちの時空間の経験・認識が四元数と幾何学をベースとした数学的なものであることを先に説明したが、以下に、

 i 相対性理論の理論の原点には数学的時空間が用いられているため、これを否定することはできない。
 ii 相対性理論の時空間（物理的時空間ということにする）は人々に共有された数学的時空間のようにシンプルで整合的で経験的な理論ではない。
 iii 物理的時空間は他の物理要素によっても理論づけられる可能性があるため、唯一の数学的時空間とは異なる。

ということを説明しよう。

**光速と音速の類似性**

相対性理論の特異な点は数学的時空間に光の性質を加えて時空間を理論づけたことで、これは音の性質を加えて時空間を理論づけることにもたとえられることを説明する。

音速については次の理論により一定値が得られる。

圧力 $p$、密度 $\rho$ の物質中の音速 $a_0$ は、座標で一定空間に区切られた物質中のエネルギー保存則から導かれるベルヌーイの流体の法則により、

$$a_0 = \sqrt{dp / d\rho}$$

と求められる。$dp/d\rho$ は物質の圧力と密度の変化率の比であり、これは物質の種類で定まる値で測定することができる。

この場合、音の媒体である物質は（光の媒体である真空とは異なり）質量をもつため、音速を定める座標の原点は物質に固定することができて、

音速 $a_0$ は物質に対する速度となる。したがって音速は光速とは理論上相当に異なるが、それでも相対性理論のように音速にもとづいた同時性の理論や、これにもとづいた時空間を仮想的に考えることができる。暗闇を超音波で探りながら飛ぶコウモリがこの仮想的時空間を用いているか否かは分からないが、海中をソナーを頼りに航行する潜水艦にとって、この仮想的時空間は大きな利用価値があるだろう。

音速はこれを定める媒体の性質が知られているゆえに、原理とみなす必要はない。光速はこれを定める「真空の性質」がまだ十分知られていないために、理論構成の都合上原理とみなす必要がある。このように考えることもできるだろう。

つづいて、本数学を拡張した理論の視点から測定可能な時間、長さの概念と数学的時空間の違いを再確認してみることにする。

**測定される時間、長さの根底にある数学的時間、長さ**

相対性理論の出現から時がたち、長さと時間の測定精度は長足の進歩を遂げて、今日の物理学においては、特定の原子の電子軌道間のエネルギー準位差にもとづき生じる光の波長と周波数が長さと時間の基準尺度として採用されている。これにより、広い時空間の時間と場所に影響されずに、共通的な非常に高い精度の長さと時間の尺度が得られるようになったと考えられている。しかし物理的に測定された値について、数学的な線形性と一致することは原理的に数学理論のように証明できない。

光の線形性は測定によっても実証できないことは次の例でも分かる。

> 遠景が二重に見える蜃気楼は同一光源と観測点の間を光が二つの経路で伝わることで生じる。では二つに見える遠景のどちらが本来の像でどちらが虚像だろうか。さらに考えれば、光の経路に影響を与える空気のゆらぎは常に 0 とはいえない。宇宙の真空中であっても光の経路に影響を与える物理事象がないとは確認できな

い。するとたとえ遠景が一つに見えたとしても、この像をもって光の直進性が実測できたとみなすことはできない。宇宙空間も何もない真空とは限らない。

　光源と測定点を線形の剛体で結びつけると光源の位置を測定できると考えても、その剛体の線形性を担保するために、剛体の線形性を測定する新たな測定方法が必要となる。

この悪循環となる問題を解決しようとすれば線形性、歪み、無歪みに関して測定に依存しない基準が必要で、これが数学上の線形性ということになる。

さらに数学理論は内部整合的かつ物理理論とは独立的であるゆえに、数学空間の歪みは数学理論で論じることはできるが、物理的測定にもとづいて数学空間の歪みを論じることは原理的に不可能である。このことは次の例で分かるだろう。

　最初に、数学空間 $A$ と $B$ が重なり合っていると考える。次に空間 $B$ をすこし歪ませる。この時、空間 $B$ に属する全ての物理的対象はそこに住む人や人の感覚も含めて座標軸に同調して歪むものとする。すると空間 $B$ 内部ではどのような方法を用いても空間 $B$ の歪みは検知できない（ちょうどローレンツ変換される時空間に不変の物理法則の関係に相当する）。空間 $A$ から見ると空間 $B$ の直線は曲がり平行線は平行ではないとしても、空間 $B$ 内部の住人にとり直線はまっすぐで、平行線も等間隔でつづく。このため空間 $B$ 内部の住人のユークリッド幾何学はそのまま成立する。

このような理論は空間 $A$、$B$ 内部からは双方向的に成立するため、それぞれの住民にとって自らの住む空間が無歪みの数学的空間で、相手方の空間が歪んでいるということになる。

　以上の検討結果を次にまとめる。

i　異なる像により光の非線形性は検出できたとしても、物理測定によってどちらの像が線形であるかは原理的に判断できない。
　　　ii　無歪の数学的空間にもとづいて歪のある空間を理論づけることはできるが、数学的空間の線形性や歪みは物理的な測定の対象にはできない。

## 4.3　本数学を拡張した理論としての相対性理論とは

　さらに、ミンコフスキー空間を構成する微小量は物体の相対的速度が0の場合は0となり、ミンコフスキー空間自体が消失する。したがってミンコフスキー空間の支えとして数学的時空間が必要である。

　このようなことから、相対性理論はニュートン力学に光の性質を加えてその理論を拡張したものとみなすことができる。したがってニュートン力学と相対性理論の違いは前提の違いであって矛盾しているわけではない。

　このようなことから、相対性理論はニュートン力学に光の性質を加えてその理論を拡張したものとみなすことができる。したがってニュートン力学と相対性理論の違いは前提の違いであって矛盾しているわけではない。

**光速一定の法則を原理とすることへの改めての疑問**

　相対性理論において真空中の光速は一定値 $c$ と表されているが、観測される光速が宇宙の時間、場所に影響されず一定であることを数学のように証明することはできない。光速一定の法則も理論を作り上げるために本数学に付加された仮説の一つである。

　光速一定の法則は、
　　　i　座標の原点の定まらない宇宙の性質の本質とも思われる。
　　　ii　この法則にもとづいて質量とエネルギーの等価性などの重要な法則が発見された。

という点で大変重要だが、これによって光速一定の法則が質量概念（相対論に合わせれば「質量＋エネルギー」）よりも信頼性を得たとは思われない。なぜならば、水、ガラスなどの透明な物体中の光速は真空中より遅くなる。さらに波長の違いにより光の速度が異なってくる。これが光の屈折現象、分光現象を起こしていることが知られている。光の性質は物質の影響を受けるのである。

　理論には仮定となる原理は少ないほどその理論は信頼できるだろう。一つの物理法則を「原理、すなわちこれ以上理論づけられない仮定」とみなすことはその法則の成り立ちに対する探求を放棄することを意味する。したがって、宇宙を理論づける重要な仮説となっている真空中の光速一定との法則は原理として終わらずに、さらに真空の性質などへの探索を深めて原理の成り立ちを追求することが望ましいと思われる。

　これに関連して、最近では「真空から光子が発生する」との実験結果なども発表されているようで、この方面の研究に期待したい。

## 4.4　一般相対性理論

　ニュートン力学は同じ物体に働く慣性力と重力はともに物体のもつ質量という性質に比例するとの仮定により成立している。しかし慣性力と重力は異なる数式で表されているため異なる物理的性質であると解釈できる余地がある。そうすると、質量にも慣性力を生む慣性質量と重力を生む重力質量の二つがある中で、なぜ慣性質量と重力質量が比例するのかとの疑問が生まれる。

　アインシュタインは慣性力と重力を一律に質量に由来する時空間の歪である重力場で説明する数式を求めることに成功してこの疑問に答えた。これを「一般相対性理論」という。一般相対性理論により光が重力により

閉じ込められる「ブラックホール」の存在や光の経路の重力による影響が予知されて、後にこれらの現象は観測されて確認された。

**一般相対性理論の本数学による解釈**

　質量に由来した重力も慣性力も同一の「力」という概念で表し得ることはすでにニュートン力学・相対性理論の前提として含まれている。この一連の方程式を $\alpha$ とする。一般相対性理論は $\alpha$ を書き改めた方程式 $\beta$ であり、一般相対性理論はこの方程式 $\beta$ の解釈ということになる。

　アインシュタインは $\beta$ における光の性質を明らかにしたが、

　　　 i 　 $\beta$ は時空間の性質である。

　　　 ii 　 光は時空間の影響をうける。

との二つの仮説を加えて、「光を閉じ込めるブラックホール」や「太陽の近くを通る星の光の経路」が $\beta$ で説明できると説明した。

　しかしながら光の屈折からも明らかなとおり光と物質の関係は相対的である。時空間概念も本来は数学的である。したがって $\beta$ については i 、 ii の仮説によらずに「光は直接的に物質の作る重力場 $\beta$ の影響を受ける」と解釈した方が妥当と思われる。

　宇宙で「一定の光速」や物体に伴う「重力場」は今のところ宇宙の物理的事象を関係づける理論の原理として適しているように見える。しかし、宇宙を始めとした物理学の対象には今後とも新たな原理的な概念が見出される可能性は否定できない。すると物理的な時空間はその発見のたびに移り変わって私たちのもつ時空間概念とかけ離れたものになってゆくだろう。

　個別的な物理理論についての検討はここまでとして、次に本数学を拡張した理論の見方から科学理論の性質をさらに考察する。

# 5 さまざまな科学理論の考察

## 5.1 原子論、素粒子論

**今日の原子論の始まり**

今日の原子論は、当初、化学反応による気体の体積の変化などを説明できる仕組みとして、ドルトン、アヴォガドロらにより提唱された。原子、分子の運動によって気体の体積、温度、圧力などの関係、物質の固体、液体、気体への相変化が説明されて、元素といわれる多くの種類の物質に対応した原子の存在などが理論的に予測され、その予測にほぼ沿った形で原子で構成されたさまざまの物質やその構造、これに対応する化学反応の仕組みなどが実証的に解明されていった。

**原子論、素粒子論と理論としての幾何学形状**

原子は目に見えないし測定方法も限られている。このため初期の原子の構造については、球状の陽子中性子で構成された原子核の周りをごく小さい球状の電子が飛びまわるとの、幾何学形状や天体の動きに似せた原子モデルが考えられた。いくつかの変遷をたどり、今や電子は原子核を取り巻く雲のような確率的な存在とみなされるまでになった。陽子、中性子も図形的な球ではない確率的な存在となった。

原子や素粒子のように小さすぎて形状が観察できないものに幾何学的な形状を与える理由は形状によりその性質を理解しようとするからだろう。したがってこれらの形状は当初身近で分かりやすい図形の当てはめによって始まり、物理的な測定技術の向上や理論の精緻化に伴って、形状も精密化していったのである。

第Ⅳ章　本数学を拡張した科学理論

**素粒子論**

　ここ数十年で、陽子や中性子も何種類かの素粒子で構成されているとの「素粒子論」が発達した。素粒子はもちろん目に見えない。素粒子の性質とは、主に原子や素粒子を衝突させてその結果を物理的な方法で観測することで得られた結果である。その結果は複雑だが、今日では「標準理論」といって素粒子は十数種類のクォークとレプトンなどに集約できるとの説が有力である。これらの理論の構成にはもちろん数学・幾何学や、可視的な領域で得られた力学・電磁気学の理論が用いられている。

　今日では一つの素粒子がいくつかの性質をもつ場合、その素粒子に多くのパラメーターが割り当てられて、各パラメーターが一つの空間軸を構成するとの考え方も見られるが、本数学によるとこれは数学的時空間の次元とは異なる。パラメーターはあくまでも素粒子の複雑な性質を説明するための単なるパラメーターである。

**原子論・素粒子論の信頼性**

　今日でも量子論・素粒子論のゴールは見えないが、19世紀に得られた原子論、分子論についていうならば、物質科学の最も基本的な原理の一つとして今日も信頼されている。この大きな理由として原子や分子についての多種多様な互いに科学的に整合的、共役的な理論のネットワークが完成して、それがものづくりなどにも活用されて社会的にも役立っていることも考えられるが、総合的に考えて、このネットワークは今後の素粒子論の進展があったとしても基本的な変更はないだろうとみなされているからであることも指摘できる。

詳説篇

## 5.2　宇宙論

**ビッグバン**

　光学的な天体観測によると今日の天体の距離は遠ざかりつつ見えることから、過去に宇宙はほぼ1点から始まったとの「ビッグバン」理論が提唱されている。しかしながら、ビッグバンは次の難問をともなっている。

　　現在の物理学は質量・エネルギー保存の法則や光速を原理とした宇宙の内部に関する理論となっている。この物理学においてビッグバンの始点は物理的時間の始まり、物理理論の始まりと考えるならば、新たな仮定を原理として導入することになり、理論の共通了解性・科学性が著しく低下するだろう。この原理を「神託」と考える立場は科学的ではない。

　この問題に加えて最近の宇宙論によると、宇宙空間に存在する「ダークマター」や「ダークエネルギー」が知られ始めて、宇宙内部にもまだまだ未知の要素が多い。

　このような今日の物理学の状況を考え合わせると、天体が遠ざかりつつ見える現象については、物には大きさや始まりがあるとの常識に沿った「宇宙の大きさ」にはとらわれずに、一貫して宇宙内部の物理現象とみなした方が科学的な理論となりやすいと思われる。

　余談になるが、はるか宇宙のかなたに私たちの銀河系が観測されれば宇宙は閉じられているということになる。物理的に閉じられた宇宙は一定の大きさの有限であり、この場合は物理的空間の断点はなく、宇宙全体を宇宙内部の理論で説明することができる。

　ビッグバンと無関係ではあり得ない素粒子論、光速一定との法則、重力などの関係についてもまだまだ科学的に不明な部分が多くある。物理学は

一つの疑問を解く理論が成立すればそこからまた新たな疑問が生まれる性質のものである。物理学では宇宙が無限で無歪の数学的時空間であることは数学のように理論づけできないのだから、これは当然の帰結だろう。

**等身大の理論と理論の対象とのギャップ**

　ニュートン力学、相対性理論、素粒子論などの物理理論から得られる一つの教訓は、

　　　　素粒子から宇宙までの理論の対象に、人々の間で生まれた人々と等身大の数学の理論や数学時空間がうまく当てはまるとは限らない。

ということだろう。

**唯一体験できる数学的時空間**

　異次元の物理的時空間もこの問題に関連づけて考えることができる。非ユークリッド幾何学、相対性理論、ビッグバン理論、ブラックホール理論が現れて以降、異次元空間に関する話題が豊富となったが、光や重力を用いて物理的に異次元の時空間の理論が得られたとしても私たちがそのような異次元空間を体験できるかというと残念ながら疑問である。私たちのもつ時空間概念は伝統的でシンプルな本数学の幾何学と四元数の理論と同根のものだろう。この理論がシンプルであるがゆえに私たちの直感にも結び付いて、あたかも数学的時空間を体験しているかのように感じ取られるのだろう。

　たとえ光速にもとづく物理的時空間を理論づけたとしても、それは複雑で等身大ではないため、私たちの経験的な時空間とはならないと考えられる。

## 5.3　科学理論と言葉の関係

**分類による科学理論**

　実態として数式や図形で記述しがたい対象、たとえば第Ⅳ章３.１節で複雑系と説明した理論の対象（生物学、人文科学、日常のできごとなど）について、分類を細分化して用語・概念を精緻に理論づけてゆく方法がとられている。観察にもとづいた分類は、これも科学の方法だが、分類だけでは他の科学理論との共通性が得られにくい。分類基準の数値化や、分類に併行してたとえば分類された岩石についての生成過程の説明、分類された生物についても進化論、発生学のような分類基準に対する裏づけ理論を用意して科学的に整合する理論のネットワークが構築されれば、総合的に信頼性の高い科学理論となるだろう。

　日常的に複雑系に接している私たちにとって、分類の方法は理論の方法として便利で不可欠である。しかしながら、科学理論の歴史を見れば、結果的に分類の方法から理論的裏付けの得やすい構成的で数学的な方法へと重点を移すことで、その理論の信頼性を高めてきたことが分かるだろう。

**確定しない科学用語の意味**

　次は科学理論の一例である。

　　　人は生物である。生物は必ず死ぬ。ゆえに人は必ず死ぬ。

　この理論については、人は生物に分類される、その生物が例外なく死ぬのだから、人も必ず死ぬ、との推移律を適用した「本数学を拡張した理論」とみなせる。

　この理論には数学用語以外に新たに「人」「生物」「死ぬ」との用語が加わった。これらの用語に対する規定は備わっていないが、この理論は理論の作り手も受け手も、厳密な用語の規定には関心が薄い中で成立している。

用語の規定が含まれないことを理由として、この理論は成立しないと考えることは常識的とはいえない。

この考察から、科学理論の中で使用される用語は、(その用語の理論化を目指した理論でない限り) 概念的に特定の事柄や理論を指し示すとみなすことができれば、その理論が成立することが分かる。また用語を中心として考えると、ある用語の意味については、その用語を含む形で成立した多くの理論のネットワークがその用語に固有の意味をもたらしていると推測できる (辞書や用語辞典はこのネットワークを集約的に説明している)。

集合論によると、上の理論は「人の集合は生物という集合の中に含まれる」という理論構造を作り上げてから、そこに推移律が適用されることになる。けれども「胎児」は「人」か否か、「ウイルス」は「生物」か否か、などの難問もあって、この理論の対象に確定した集合概念を当てはめることはできない。無理に当てはめようとすると、新たに多くの仮定を必要として、かえってこの理論の目的とした対象の解釈から離れた複雑な理論となる恐れがあろう。

**理論域のさらなる拡張**

この言葉の表す集合の厳密性にとらわれない見方によると、理論でさえあれば原則的に「本数学を拡張した理論」との見方ができる。たとえば、

「経済活動の水準」を表す指標を $a$、「個人消費水準」を表す指標を $b$ とした時、$a$ は

$$a = c \times b \text{ (ただし } c \text{ は一定の比例係数)}$$

と表すことができる。

との経済理論があったとする。ここまでの検討にもとづくと、これも本数学を拡張した一つの理論であって、「経済活動の水準」や「個人消費水準」についてのある程度の知識をもつ人によれば、この理論の信頼性や理論域を次のように解釈したり議論することができる。

詳説篇

 i この理論は方程式を用いているが、理論の対象においてその関係はこの方程式のように厳密かつ恒久的なものではない。
 ii 数値 $a$、$b$、$c$ は実体経済から統計的に求められて方程式が得られるだろう。
 iii 経済活動には個人消費が含まれるため、$a$、$b$ が正の相関をもつことは常識的だとしても、比例係数 $c$ は経済構造により変わるだろう。

## 6 従来の科学論と「本数学を拡張した理論」との比較

### 科学の哲学のおこり

 今日の理論の哲学と数学の原理的な見方の中で、２０世紀には科学論（科学の哲学、科学基礎論ともいう）が興り、科学理論の成り立ちや社会性についてさまざまな理論が提唱された。ここではその中から「反証の可能性」、「パラダイム論」、「通約不可能性」といわれている理論・概念を紹介して、これと本数学を拡張した理論との比較をしてみよう。

### 理論の当てはめ、反証の可能性

 1959年、カール-ポパー（1902-1994）は著書『科学的発見の理論』において次のような説明をした。
 i 科学法則は帰納的というよりも演繹的に得られる。
 ii 科学法則は（検証可能であるとともに）反証可能な性質をもつ。
 iは本書で説明した通りである。
 理論の作り手は、理論の対象に数学理論を当てはめるに際して、対象との食い違いの少ない法則を思考錯誤的に求める。この試行錯誤の過程は一見すると理論の対象から帰納的に共通する法則を得る過程とみなせる。たとえば今日では、コンピューターに統計理論と測定データ $x_1$、$x_2$、

$x_3$、…、$y_1$、$y_2$、$y_3$、…、をインプットして、$x$と$y$の関係をたとえば「$y = ax + b$である」と指示すると、誤差を最小とする最適な係数$a$, $b$を自動的に求めることができる。しかし対象自体にこのような理論に適合した性質が備わっていることは証明できないため、結局のところ、（この場合、係数$a$, $b$は帰納的に求められるが）理論そのものは理論の作り手の「$y$と$x$の関係は、$y = ax + b$と表すことができる」との演繹的なみなしによって成立するのである。

ⅱの見方も本書の見方と整合的である。科学理論には理論の対象への数学理論の当てはめによる解釈、説明が含まれており、科学理論が正しいとは説明の受け手が「その解釈を正しいと信じる」ということだから、数学理論とは異なり常に他のより信頼性の高い理論に置き換わる可能性は残されている。

ちなみに、神話、宗教の教義、通常の文学などはあまり異論の可能性に配慮せずに書かれており、反証の対象とはならない。

さらにポパーは理論の反証の可能性の大きさと、科学性の高さは比例すると論じたが、この理論の説明は省略する。

**パラダイム論**

1962年、トーマス-クーン（1922-1996）は著書『科学革命の構造』で概略次を主張した。

> 理論を得るための観察は観察者のもつ理論を背負ってなされる。このため、対象の観察から従来の理論と異なる新たな理論を得るとは、従来の理論に比べて新たな理論が優位であることを主張して、従来の理論に打ち勝つということである。この場合、従来の理論体系と新たな理論は連続的につながらない（クーンはこの関係を「通約不可能」といった）。理論体系のこのような転換を「パラダイムの転換」という。

詳説篇

　　A　宇宙論の天動説から地動説への転換。
　　B　アリストテレスによる論理的な自然の見方からガリレイ、ニュートンらによる数学的な自然の見方への転換。
　　C　ニュートン力学から相対性理論への転換。
などがこれに当たる。

**パラダイム転換の理由**
　本書によると、理論は作り手のもつ理論を背負って得られる、との見方は変わらない。しかしながら、例示されたパラダイムの転換の原因と今後の可能性は個別的に次のように説明可能である。

　　A　天体の動きを座標で表そうとしてもその原点は数学では定められない。それでも太陽とその惑星の動きを座標上の運動方程式で表わそうとすると、その原点を太陽系の重心の位置とすると一律的にシンプルな方程式で表されることが分かった。これが宇宙論が天動説から地動説へ転換した理由である。座標の原点の位置のような数学の理論域外となる理論・概念については今後ともパラダイム転換は起こり得るだろう。
　　B　理論の方法の「論理」から「数学」への拡張とは、数学を用いた科学理論において、本来的に利用可能であった「数学に含まれた数式」を明示的に用いたものである。ゆえにこれは理論の方法の整合的な拡張である。
　　C　相対性理論は時空間の理論ではなく、数学的時空間にもとづいたニュートン力学に光の性質を物理的な前提理論として付加した一つの物理理論であり、両者は通約可能である。光に代わる物理上の原理的な理論・概念が新たに見出されれば、今後もこの形の物理理論は出てくる可能

性がある。

　なお、クーンはパラダイムの転換は科学理論をめぐる保守的な社会構造の破壊により実現されると説明したため、これをめぐっては激しいパラダイム論争が起こり、この論争は「科学社会学」といわれる分野へと発展していった。

**より本質的な理論の見方**

　以上の既存の科学論と比較してみると、本書の「科学は本数学を拡張した理論である」との見方は科学理論の問題点と信頼性をより的確に説明することができるため、より本質的に科学の成り立ちを表わしているといえるだろう。

　本書の主張をクーンの言葉を借りていうならば、

　　　科学とは、今日の私たちのもつ理論的思考法のように、理論の原理を言葉から数学へ根本的にパラダイム転換したものである。

となる。この見方は今まで指摘されてこなかった。

　では次に理論を言葉から眺めてみよう。

## 7　言葉、文章にもとづく従来の理論の原理
　　──カテゴリー論、論理学

　言葉の意味の間には階層構造などのさまざまな関係があるだろう。文章にもさまざまな命題が含まれる。このため文章と理論は切り離し難い。これに加えて第Ⅰ章3．2節で説明した数学の原理の記述の困難さもあってか、アリストテレスの『論理学』を始めとして古くから理論の成り立ちは言葉・文章にもとづいて論じられてきた。

**言葉を原理に用いたカテゴリー論、公理の方法**

　理論をその対象の分類から始める「カテゴリー論」はすでに古代ギリ

シャ哲学に見られ、アリストテレス、カントらに継承されて今日までつづく理論の哲学の有力な方法となっている。幾何学・数学の原理とされる「公理」も対象とする理論をさまざまな要素にカテゴリー分けして選択した原理とみなせる。

## カテゴリー論の弱点

ここまでに説明した「本数学を拡張した理論」からカテゴリー論を位置づけるならば、原理とされるカテゴリーもある対象を理論づけるために本数学に加えられた用語や法則の類であり、これは理論の作り手が背負った理論・概念にもとづいて定められた仮説であると見立てることができる。

したがって、仮にあるカテゴリーを理論Aの原理と主張するならば、それが原理である理由を理論Aの中で理論の受け手に対して疑問の余地なく説明する必要がある。説明できなければそのカテゴリーは第一原理とはいえないだろう。この点がカテゴリー論の構造上の弱点となっている。

科学の場合は数学がベースにあるため、単独では弱い理論も多くの関連理論により強い信頼性が得られる可能性がある。ところがカテゴリー論の他の理論と共有できる部分といえば用いられた言葉の意味とその関係をつかさどる論理推論規則だけであり、これは数学に比べると圧倒的に弱く関連理論も次々と生まれにくい。このため、カテゴリー論が人々に共有されて信頼されることは科学に比べてはるかに困難である。

これが古くから伝わってきたアリストテレスによる現実態・可能態などのカテゴリー分けが科学理論の普及によりほとんど忘れられた形となった根本的な原因だろう。

## 科学によるカテゴリー分け

今日の科学理論とされている水素、酸素、鉄などの元素の分類はカテゴリー分けである。しかしながら、このカテゴリー分けは多くの科学者による実証実験とその結果の十分な検討を経て得られた仮説であり、この仮説

によると各原子の性質が周期律表で説明されたり、気体の性質や化学反応の成り立ちが説明されるなどの多くの科学的に整合する理論が生まれたため、ニュートン力学と同様に科学としての信頼性を得たと考えられる。

**言葉にもとづいた論理学**

　言葉で構成される文章にはさまざまな論理・理論が含まれるが、言葉（単語）の間にも、たとえば「りんご」には一つのりんごと複数のりんごの集合が考えられる、「果物」には「りんご」や「みかん」などが含まれるとの理論・理論的な関係が成り立っている。このようなことから、言葉を主体とした思考方法、言葉による理論の構造を論じる「論理学」も古くから知られていた。

　しかし第Ⅰ章2.1節で説明したように、言葉は認識の対象についての言葉の作り手による恣意的な分類・命名を起源として成り立っており、言葉の意味するものは数値のようにただ一通りで共通的とは限らない。

　それでも、「りんご」、「みかん」、「果物」との言葉は科学的に規定できるため、「りんごとみかんは果物に含まる」との理論は正しい科学理論といえる。ところが、「りんご」または「みかん」を知らない社会があれば、そこではこの理論は理解し難いだろう。つまり、ある言葉を用いた理論について共通的に理解できる人々の範囲は、数学とは異なり理論に用いた言葉により自ずから制限される。

　さらに言葉にもとづいた理論は数値に関する理論である数学に比べると、はるかに自由に広範囲に用いられている。このため言葉にもとづいた理論は整合的とは限らず、パラドックスが起こり得る（第Ⅴ章4.3節参照）。このため、論理学ではさまざまな原理的な枠組みからなる理論が過去に提唱されてきた。

　このような論理学については「数学的推理法と整合的な論理推論規則を規範として言葉の理論的構造を解明する試み」と考えると、その成り立ち

をより明解に説明できるだろう。

**本数学と論理学との比較**

　古典的な論理学によると、言葉で構成された「ＡはＢである」との「命題（proposotion）」は大きく「全称命題」「単称命題」「特称命題」に分類される。

　全称命題とは「すべてのＡはＢである」との命題であり「Ａ→Ｂ」「Ａ⊆Ｂ」と表される。具体的には「すべてのりんごは果物である」、「すべての素数は奇数である」がこれに当たる。

　単称命題とは「あるＡはＢである」との命題であり「Ａ←Ｂ」ならびに「Ａ⊇Ｂ」と表される。「あるりんごは果物である」、「素数７は奇数である」がこれに当たる。

　「１＋２＝３」のような＝で結ばれた同値関係は言葉では「みかんはみかんである」のような同語反復となるためほとんど意味をなさない。「１＋１＝２」に対して「りんご＋みかん＝果物」との理論を対応させたとしても、他の果物もあるわけだから、この理論は対象をいい尽くしていない。一般論として、言葉による事象の分類・定義は、数学の分類・定義のように理論の対象が理論の内部にあるわけではなく、複雑な言葉の意味が関係してくるため、数学理論のように一意的、共通的なものではない。

**言葉による理論の厳密性、共通性の限界**

　ある人がみかんを一つ手にとって「私はみかんを一つ手にとっている」と説明したとする。論理学ではこの形の命題を特称命題というが、特称命題は数学の定義のように一意的、共通的に相手に伝わるだろうか。「私」も「みかん」も「手にとる」も意味において疑問の余地のない言葉に思える。みかんの種類は多くあっても「手にとったみかん」はまぎれもなく特定されたみかんである。

　しかし通常の言葉の意味はただ一通りに定まるとは限らない分類さ

第IV章　本数学を拡張した科学理論

た物、動作、言葉などを指し示している。説明の受け手がこの説明の厳密性、共通性を確認しようとすると、受け手は「みかん」の何であるかをあらかじめ知っておいて、それが説明者の手にあることを確認せねばならない。たとえその確認ができたとしてもその確認はその場限りのできごとである。この確認の要素となっている私たち人間、その手、みかん、これらの言葉と言葉に対応した人や物のどれ一つをとっても、いつまでもどこまでも不変であることを誰も担保することはできない。つまり、特称命題による対象の特定は「科学的な用語の整合性」のレベルであり、数学上の証明ではないのである。

**普遍的に得られる数学**

これに対して数値と演算および数学は、これを学ぶことのできる知的生命と教材となる個数を数えることのできる物体や長さを測る棒などがあれば、いつでもどこでもただ一通りで共通的に得られる理論だと考えることができる。理論と言葉はこのように異なるのである。

次に一般的な言葉の性質について本数学を拡張した理論の見方から考えてみることにする。

## 8　個人的な言葉の意味の成り立ちとその理論との関係

私たちの言葉の学習を思い出しながら、得られた言葉（単語）の組み合わせである文章について考えてみる。

**言葉の文章化と変遷**

学習した言葉（単語）の数が増えてくると、子供たちは個々の言葉と物や状況との関係だけではなく言葉で自分の欲しいものを表現したり、新たに直面する事態に応じて学習済みの言葉をら列してこれをいい表そうとする。

詳説篇

　一つの単語、短い言葉は他の言葉を組み合わせてもいい表わすことができる。すると話し手と聞き手の言葉のもつ意味についてのすり合わせができる。さらに、単語はら列するよりも単語のもつ意味・役割にしたがって分類して、ある共通的な規則にしたがって並べた方が複雑な意味も正確に効果的に伝わるだろう。これをかなえるには、名詞、動詞などの分類や文法も必要となる。このように高度化した言葉である「文章」によると、複雑化する言葉どうしの関係を新たな文章で考えることも可能になる。

　ふとしたことを契機として流行語が生まれたりする。原始社会においても、ある食べ物やある動作に対する掛け声などが共通的な言葉となり得るだろう。このように考えると、個人的な言葉の学習過程は社会における言葉のシンプルな言葉から複雑な言葉への生成過程と類似している面もあるだろう。次の文章の推敲過程は文章化による言葉の意味内容の複雑化の進行過程を行きつ戻りつしているともみなせる。

　　　ある目的である文章を起草する。その文章を読み返してみて読者が文章全体から得るであろう意味内容が目的にかなっているかを検討する。公文書、論文などではそこに含まれる用語や理論の用法が正確（共通的）であるかも検討する。不満足であれば、辞書を参照して用いられた用語、単語を取り換えてみたり、文法などにもとづいて文章の構造をかえてみたりして、試行錯誤的に文章の推敲を進める。

**文脈で変わる意味**

　本書で検討している理論の範囲に「正義」概念は入らないとの事情があるため、「正義は理論づけられない」といっても差し支えないだろう。ところが、極悪非道の悪人が「正義は理論づけられない」というと、これは自らの悪事を正当化する問題発言とみなされる。このように、同じ文であってもその文が置かれた文脈によって文の意味あいは大きく異なることがあ

る。

**個人ごとに形成される言葉、文章の意味**

　このように考えると、文章が生み出す意味や共通了解性の由来元は、個々の単語にもあるが、より全体的には文章全体から想起される個人的な経験全体（他の関連文章、さまざまな経験の記憶）やその文章が書かれた事情に由来するといえよう。これは理論の信頼性の由来元となる理論のネットワーク構造に相似する。多くの文章には理論が溶け込んでいることと、理論を考えるおなじ私たちが文章の意味・内容を考えたり感じたりするのだから、これは当然だろう。ただし、理論のネットワークは関連文献のネットワークのように比較的限定的、具体的で共通的だが、文章の意味・内容となると、文章の推敲方法でも分かるように個人の幅広い知識、経験、関心などに負うことが大きいため、その意味・内容も個人に大きく依存することになる。

**自己を形成する言葉、認識を共有化する理論**

　数学を拡張した理論と言葉や文章の間の性質や役割の違いを改めて考えてみる。

　私たち人間は生きるための知恵ともいえる「分類された対象を指し示す言葉」や「物の量的な性質」への関心により言葉の意味や数値概念を学習して、さらにこれらの組み合わせとなる理論の方法を学習したのである。個人ごとに学習した言葉の意味は、個人ごとに異なる心と身体および異なる経験の積み重ねにより、個人ごとに異なった道筋をとりながら成長をつづけてゆく。数学と推理法についてもその原理は不変だがその用法に関する知識は蓄積されて洗練されてゆく。

　会話によると、個人ごとにもつ言葉の意味の違いを知ることができて言葉の意味のすり合わせができる。私たちの会話を振り返ってみると、話し手は自分の言葉により自分の意図することが相手に伝わっていないことを

察すると、言葉をかえたり理論を組み立てなおして補足説明する。このような努力により聞き手との言葉の意味の共有化をはかり意思疎通をはかりながら会話が進んでゆく。このことから、

> 通常の言葉のもつ意味は個人的な学習や経験をとおして個人の中で得られるため個人的に異なるものの、その違いの程度は理論によって確認可能である。

との理論と言葉の役割分担が明らかになる。仮に理論にもとづく会話がない中で自分と相手とで「りんご」の意味が一致するかを確認しようとすれば、ちょうど子供に言葉を教えたときのように相手に実物のりんごを指し示しながら、「りんご！りんご！」という必要があるだろう。

**本書の理論の原理にもとづく言葉の分類**

以上の考察によると、言葉は理論により次の３段階に分類される。

> i 「５」「偶数」「三角形」などの数学用語の意味は数学理論により一意的、共通に得られる。
>
> ii 「物体」「生れる」などの科学理論がカバーする用語の意味や信頼性は理論に用いられた数学理論の共通性、共通の用語を含む関連理論との科学的な整合性、理論の対象に関する感覚、経験との整合性などにもとづいて総合的に得られる。
>
> iii  i、iiとの関連の薄い言葉および文章の意味・内容は、i、iiの信頼性に加えて、文章の構造、関連する他の文章、および個人の経験に由来する言葉の意味などとの関係にもとづいて、私たち個人による総合的な判断として得られる。

この３分類は、従来の言葉をベースとした理論の見方によっても概念的に得られるとしても、それは本書のように明確なものではなかった。

この分類は、この世界の事柄を本数学、科学理論、言葉、その他に分類したとも解釈できる。けれどもこの分類は原理ではない。これはただ一通

第IV章　本数学を拡張した科学理論

りに共通的に得られる数値と演算の関係から理路整然と導かれた科学的ともいえる一つの帰結である。

## 9　まとめ──科学と非科学、人間と人工知能の違い

**科学と非科学を分つもの**

　先に説明したとおり、生物学、医学、心理学などの量的性質が見出しにくい分野の理論であっても、共通的な観察法にもとづいて共通的な分類基準をつくり、分類と命名を積み重ねてゆくと共通的な言葉をむすぶネットワークができて、これが信頼できる一系の科学理論となり得るだろう。生物や病気の分類・命名はその最たるものである。

　ある広がりをもつ対象を分類、命名しようとするとき、人は無意識的であっても確率的に考える。そのために分類にもとづいた科学においても、分類の根拠を統計的方法などで明確に説明できれば、理論の共通了解性が増してより科学的となるだろう。

**科学にはなじまない言葉とは**

　人間社会や宗教界で古くから使われてきた神、善と悪、天国と地獄、霊魂などの言葉は概念的に意味を共有できても、これらの言葉についての共通的な観察はできないか困難であるために、これらの言葉のもつ意味は社会、宗教、個人によって異なったままで、科学的な言葉とはなっていない。

　「世界は無から始まった」という理論はどうか。数値の0は$a-a$と定義される数値であり数学理論である。だが本数学に「無」を加えて理論を構成しようとしても成り立ち難い。「無」についての理論としては「無意識」などの理論はあるが、これは意識を失った状態であって無そのものの理論ではない。

　「無」は「有」を否定する共通的概念といえても直接的な観察は困難ゆ

えに、無についての科学理論のネットワークを構築する手掛かりは見当たらない。したがって「世界は無から始まった」という理論は科学的ではない。

**科学と科学の外部の思想**

では、科学はその外部となる思想と無関係かというとそうではない。たとえば「社会」や「正義」を思索するときにも、広く世界に通用する科学理論や科学的思考との調和を図れば、独善的な思想が生まれたり、局所的な観察から生れた理論の拡大解釈により世界を知ったつもりになるような事態を避けることができるだろう。

**私たちの言葉や理論への関心**

コンピューターは人と同様に演算が可能でさらに情報を記憶できることから人工知能と称して人にたとえられることもあるが、双方には大きな違いがある。

私たちは幼いころに物などに即して物などの属性・性質として言葉や数学を学んだ。この学習には物などの対象、言葉、数量に対する関心が必要で、人は生まれつきこの関心をもっている。人が生きている限りつづく個人レベルの言葉や理論に関する知識、知的創造力の成長・変化もこの関心によるのだろう。このような関心は動物に共通する生存本能とも関係するのだろう。

数学の新たな定理は数学内部で自動的に生成されるわけではない。人は自発的な目的をもち、目的を適える新たな定理を推理してその証明法を考える。これが数学理論の構成法であり、これを成し遂げるためには数学理論の内部のみならず外部の対象へのさまざまな知識と関心が必要となる。

**理論・言葉におけるコンピューターの限界**

ところがコンピューターはこのような関心に欠けるため、コンピューターには人に教えるように対象に関連した性質として言葉や数学を教えることができず、数学理論の解釈法や自発的な数学理論の構成法を習得でき

ない。

　結果的に、コンピューターにとって言葉は意味をもたない文字列であり、数字も、＋、－、＞、＜などの記号も、単に与えられたプログラムにしたがって得られる記号列にすぎない。コンピューターは数学理論の構成の可能性を無数に列挙できても、人が特別にプログラムを組まない限り、そこから意味のある定理を選択できない。

　たとえば、「どのように多くの国も地図上で４色で塗り分けられる」との「四色問題」はコンピューターを用いて証明されたことで有名だが、この証明プログラムを開発したのは数学者である。コンピューターは四色問題の意味を知らずにただ与えられたプログラムを実行したのである。

　非数学の理論についても、たとえば人が統計的手法のプログラムと理論化すべき事象に関するデータをコンピューターに与えると、コンピューターは帰納的に事象を説明する最適な方程式を導き出すが、コンピューターはその理論の意味を分かってはいない。プログラムを工夫してコンピューターから「分かった！」とのメッセージを出すことはできるが、これも人の与えたプログラムの範囲であり、自発的な判断ではない。

　私たちの日常生活を省みても、私たちは「理論的思考法」を用いてさまざまな理論を各自の言葉の意味を用いて考えて、共通的に正しいと思われる理論を選択しつづけていることが自覚できるだろう。これが人間のもつ理論の創造力の源泉である。

**人工知能は自我意識をもつか**

　コンピューターは高度化して「人工知能」といわれるようになり、人工知能は自我意識をもち得るかとの問題もときに話題に上がる。私たちの自我意識の生まれるまでの過程は次のように考えることができるだろう。

　　　　ⅰ　「他者とは異なる自分」との「自我の意識」は自己と他者の精神的かつ身体的違いを自発的に認識することにより生起する。

  ii この自我意識は一定の理論と言葉の意味にもとづいているため、その生起には理論と言葉の意味の習得と活用が必要である。
  iii 理論と言葉の意味の習得と活用には知覚できる対象への関心と自発的思考が必要である。

そして、人工知能はこれらの能力の何一つとしてもっていないため、自我意識をもっていないと結論される。

 人と人工知能の違いはすでに概念的に知られているが、本書の原理による以上の検討は、私たちの知性が人工知能とは異次元の創造性をもつことの明確な確認となるだろう。

### 他の原理との比較

 有限数学とその原理から始まった本書における理論の原理の検討はこれで終える。しかし一方では今日までに本書で解明した原理とは異なる「理論の原理」といわれるいくつかの根本思想が知られている。このことからある原理の「正しさ」とは客観的・絶対的なものではないことが分かる。そこで最後に第Ⅴ章で改めて既存の主な原理的な理論との比較をおこなう。

 主要な原理はすでに比較済みであるため第Ⅴ章はそのまとめである。ただし集合論は数学分野で本数学と競合する原理であるため、この競合する部分については丁寧に比較検討する。なお、読者諸氏が自らの視点で他の原理との比較をおこなう場合には、巻末の「文献リスト」が参考になるだろう。

# 第Ⅴ章　他の原理との比較

## 1　「カテゴリー論」「論理学」の系譜との比較

　便宜上、ここでは今日の理論の哲学を「カテゴリー論・論理学」と「公理類」の系譜に分けて比較してゆく。

**カテゴリー論**
　古代ギリシャの哲学者たちは「ロゴス（理(ことわり)）」の源(みなもと)を宇宙の成り立ちに求めた。エンペドクレスによる「世界は土、水、火、風から成る」との「四元素説」やピタゴラス派による「１０種の対立概念」などが知られているが、アリストテレスは『カテゴリー論』においてこれらの説を検討して集約した（ユークリッド『原論』の公理類についても、一つの公理は一つのカテゴリーであると解釈することができるが、これは後に比較する）。

　理論を理論の対象の分類から始めるカテゴリー論の形は、中身を変えながらカントらに継承されて、今日までつづく理論の哲学の有力な方法となってきた。

　本書の理論の見方にもとづくと、原理となるカテゴリーはカテゴリーの作り手がある理論を背負って提唱するものであるため、数値と演算のようにただ一通りに得られて共通的なものではない。このため歴史上もさまざまなカテゴリー論が提唱されてきた。

　本書では、数学は人々の間でただ一通りに共通的な意味が得られる理論であるゆえに、カテゴリー論に比べて数学を拡張した理論の方が共通的に理論の信頼性を得やすいこと、これが科学理論の本質であることを確認した。

詳説篇

### アリストテレスのカテゴリー論にもとづいた可能的無限

　紀元前4世紀に、アリストテレスは、その著書『自然学』において、広く理論の対象を現実態と可能態との二つのカテゴリーに分けた上で、第Ⅰ章4.2節で説明したゼノンの難問について、「ところがアキレスは去る人に追いつく。ゆえに無限とは現実態ではなく、可能態である」と結論した。

### 可能的無限

　このアリストテレスのカテゴリー分けの影響と思われるが、再帰的論理の限りなくつづく性質から生起する無限論・無限概念は今日「可能的無限（potential infinity）」といわれており、可能的無限は実現しない単なる可能性と考えられている（可能的無限に関する文献例。Cantor (1883) 887-95；ポアンカレ (1908) 151-3；ボホナー 29-63；ムーア 100-24；野矢）。

### アリストテレスの無限観

　ただし、アリストテレスの無限観はこれとは異なるようである。アリストテレスの無限と時間の関係に関する見方を参考として紹介しよう。

> 　もし今が無限にある（無限により定まる）とすれば、転化（変化）するものはすべて〔その無限の今に応じて〕無限数の転化をしおえたことになろう（アリストテレス 247。（　）内は本書著者による注釈）。

　この記述による限りでは、アリストテレスは時間概念を限りなくつづく理論よりも理論の対象の結果にむすびつけており、このことからアリストテレスの無限論は時間の関与しない理論において実現可能な無限であると解釈することができるだろう。

　なお、アリストテレスは、ものの状態を「静止するもの」と「運動するもの」とのカテゴリーに分けた上で、運動するものを静止するものと同様に現実態と考えた（アリストテレス 82-92）。今日のような「速度0の運動が静止である」との定量的で数学的な速度概念はようやく15世紀にガ

リレイの著書『新科学対話』に現れる。無限数列の極限概念が現れるのはさらに後となる。このような理論の歴史をかえりみると、ゼノンの難問の提示された当時の難度の高さは今日考えるよりもはるかに高かったと想像できる。

本書第Ⅱ章では再帰的論理の限りなくつづく性質は有限値の性質であり、再帰的論理の帰結となる理論を無限論と考えた。

**カントによる先験的な純粋理性**

カントは「経験的な言葉の学習などとは違い数学・論理学などの純粋理性に属する理論の取得は先験的な能力にもとづく」とのカテゴリー説を提唱した。

一方本書では、数値も言葉も類似した方法で学習されること、言葉は分類した対象を指し示すが、数値は多くの対象が共通的にもつ対象の量的な性質を表わすため、数値は言葉の違いを超えて共通的であることを確認した。本書の見方によると数学の習得を特に先験的な能力にもとづくと分けて考える必要はない。本書の原理にあえてカテゴリーを当てはめるならば、「理論の対象は量的・図形的性質とその他の性質に分けられる」ということになる。

**論理学の起源から今日の理論の哲学まで**

アリストテレスの『論理学』以来、伝統的に論理学は言葉に含まれる論理推論規則を解明する学問となっているが、言葉の論理的構造は複雑で一律的でないためさまざまな見方が提唱されてきた。

19世紀末にゴットロープ−フレーゲ(1848-1925)はアリストテレス以来つづいてきた名辞（名称）を中心とした伝統的な理論の枠組みを命題とその連なりである文章に置く形に改めた論理学を提唱した。20世紀になって、バートランド−ラッセルは集合論とフレーゲの考え方に沿った形の論理学をホワイトヘッドと共に著した。これが『数学原理』である（この原

理は公理的集合論の形となっており、ゲーデルにより後述の「不完全性定理」の証明に用いられた)。

一方、ゲオルク-ウィルヘルム-ヘーゲル (1770-1831)、エドムント-フッサール (1859-1938) らは現象(端折っていえば、知覚とその対象)をより重視した理論の原理へのアプローチをおこなった。この方向の理論は「現象学」といわれている。さらにフェルディナンド-ソシュール (1857-1913) により、端折っていえば「現象は言語により分節される」、「言語は多様な意味を伴った記号と音声から成る」との原理にもとづく「構造言語学」が生れた。

これらすべての理論では数値の演算や論理推論規則は理論構成のツールとして個別的に用いられている。このため、これらの理論は数学の原理とは異なる原理にもとづいているといえる。

このような20世紀の理論環境の中で生まれた「科学論」については、第Ⅳ章6節で「科学を本質的に説明できていない」と説明した。

## 2 「公理類」の系譜との比較

**ユークリッドの『原論』**

紀元前300年ごろユークリッドにより『原論』(ユークリッド)が著された。『原論』では、「定義」「公準(要請)」「公理(共通概念)」となづけられた原理が段階的に導入され、各段階の原理にもとづいて理論が順次構成される様子が記述されている。この原理は今日「公理系」といわれている。

『原論』では、ある線分の長さとは基準となる線分の長さとの比であって、これが数値と同等の役割を果たす。四則演算・論理推論規則(数学的推理法)は前もって定義されずに理論構成のツールとして当然のように用いられている。

『原論』は今日では「ユークリッド幾何学」といわれているが、その内容は今日の「数学」の分野も相当カバーしている。ちなみにガリレイの『新科学対話』では、多くの「命題（科学の法則）」が「幾何学」によって「証明」されると書かれている。このような表現は幾何学、数学、科学の深い関係を表わしているようで興味深い。

本書Ⅲ章では、このような歴史上に表出した幾何学と数学との関係を参考にしながら、ユークリッドの公理類を用いることなく本数学の理論を幾何学を含む図形の理論へと拡張できることを説明した。

**創始期の科学理論**

１７世紀に至り、ガリレイ、デカルト、パスカルらは実験、観察にもとづく用語や定量的な仮説を「命題」などと称して導入し、それを幾何学と数学的な思考法を用いて説明・証明した。彼らは数学の正しさを特に疑わなかったようである。

ニュートンは著書『プリンシピア』、『光学』において、物理理論の前提となる仮定を「公理」となづけて順次導入した。『プリンシピア』の第１巻のタイトルを『自然哲学の数学的原理』という。このことからニュートンは（本書が提唱する数学を拡張した理論と同じように）力学、光学を「公理的な数学に物理学の原理を付加して拡張した理論」と考えていたことが分かる。

しかしニュートンは数学自体を「絶対的」というのみで、数学の原理を説明していない。ユークリッド『原論』を数学の原理であると考えていたのかもしれないし、数学的推理法は自明であると考えて、それを原理として記述することには関心が薄かったのかもしれない。この見方はニュートンに先だった科学者であるガリレイ、デカルト、パスカルらにも当てはまりそうである。数学の原理に対する関心・疑いは１９世紀に発見された非ユークリッド幾何学を契機として高まったのである。

詳説篇

### ヒルベルトの「公理論」

19世紀に非ユークリッド幾何学が発見され、それまでは「真理」などとも称されていた幾何学の公理は理論の前提となる単なる仮定であるとの見方が生まれた。

これを受けてヒルベルトは、「幾何学的方法に限らず数学には公理的な方法が可能である」と考えて次のような「公理論（axiomatic method）」を提唱した（ヒルベルト(1900) 203-7）。

- i　理論の前提となる公理系はいくつかの命題と論理推論規則からなる。
- ii　命題は単なる仮定である。ただし公理的な数学が成立するために命題には、
  - A　命題と推論規則により理論の連鎖（アルゴリズム）が組める。
  - B　理論の中で矛盾が発生しない。

  との二つの制約がある。

そしてこの「公理論」といわれる原理の枠組みが「公理的集合論」や「数学基礎論」を生みだして今日に至っている。

これに関して、本書では数値と演算の構成法と数学的推理が数学理論の原理であることを第Ⅰ章で説明した。この原理は公理系の形をとらないし、内容的にも単なる仮定ではなく、ただ一通り共通的な意味が得られる理論である。第Ⅲ章では、ユークリッド『原論』の公理類は公理論の枠組みとは異なることを説明した。

次に今日の数学の原理とされる「集合論」を説明する。集合論は本数学と同じ数学分野の原理となっており、本数学の原理と競合するため、その成立のきっかけとなった実数論から説明する。

## 3 実数論と集合論の始まり

### 3.1 実数の不可解な性質

　演算に先立って数が存在すると考えた場合の、アルキメデスの公理や実数の稠密性の不可解さは第Ⅰ章4.1節で説明したとおりである。

　西洋では16世紀末に、分数に代わり1未満の比例量を小数で表記する記数法が知られ、分数では表記できない無理数も限りなくつづく小数列で表記されるようになった。これにより、小数表記された無理数は整数や分数のように確定値といえるか否かとの新たな難問がもたらされた。

　これにはさらに17世紀末には無限数列で表わされる微分積分値は確定値か否かという問題が加わって極限値理論が誕生したが、これで問題が解決しなかったことは第Ⅰ章4.2節で説明した。

　以上の問題が引き金となり19世紀にいくつかの実数論が生まれたと考えられる。次にこれを概説する。

### 3.2 ワイエルシュトラスらの実数論

　1860年ごろ、ワイエルシュトラスはコーシーの理論にもとづいた実数論を講義した。いくつかの講義録で残る彼の実数論はコーシー列である無限小数列そのもの、または小数列を一つの集合とみなしたものを一つの実数とする理論であったが、この難問に対する満足な解答とはみなされなかった（Ferreirós 35, 124-7）。その理由の一つとして数学者クロネッカーによる「長すぎる定義」とのコメントが知られている。これは無限の定義に一定の理論の形式を求めたとも解釈できる。

詳説篇

　この時代には、クロネッカーをはじめとして他にも名だたる数学者たち、クライン、ポアンカレ、ブラウワーらがそれぞれに実数論または実数概念を発表したが (Ewald 941-1074)、定着するには至らなかった（本章４．３節の「数学基礎論論争」を参照のこと）。

　今日の実数論の原点となった無限集合にもとづいて無理数をも確定値と定める実数論は1872年、デーデキントとカントールにより個別に発表された（二人は親しい数学仲間でもあった）。

## ３．３　デーデキントの実数論

　デーデキントが発表した実数論『数とは何か、何であるべきか』（デーデキント）の序文で彼は次のように述べている。

> 数列の極限値の説明が幾何学的直観であることに不満を覚え、連続性を表す実数を厳密な一定値と定義する方法として、すべての実数が密に順序づけられて並んでいる数直線の切断という概念に思い至った。このような理論は証明できないが証明の必要のない明白な理論である。

そして、本書で説明したような四則演算による自然数や分数の構成方法を本文のはじめで概略的に説明した後に、「数直線の切断」を原理的な方法とした実数論を展開した。

　このデーデキントの実数論は「実数の無限集合とみなした数直線」を原理としているため、本数学外部の理論に区分される。本数学ではすべての実数値は確定値である無限数列の極限の値として得られるため、数直線の切断は原理として必要ではないことを第Ⅱ章２．５節で説明した。

第V章　他の原理との比較

## 3.4　カントールの実数論

カントールの実数論の大綱は次である（Cantor (1883) 898-903）。

たとえば$\sqrt{2}$を表す小数は桁数の増加してゆく無限数列、1、1.4、1.41、1.414、1.4142、… と考え得る。このような小数列はコーシー列であり、これを基本列と名づける。

基本列全体で実数体を構成しようとするとそこに問題点が指摘される。それは、基本列はどこまでも有限であるため、このような基本列で表された無理数の値を確定値と考えることはロジカルエラーであること、さらにこのような基本列どうしの演算を用いて実数体を得ようとすると、加算をとってみてもその演算はどこまでも有限桁であるため、無理数の演算は可能とはいえず、無理数を含む実数体が得うれないということである。

これに対しては、実数を多次元の基本列で構成すると、無理数が確定値となるためにこれらの問題は解決する。このことを私（カントール）は信じる。

2次元の基本列とは最初の1列の基本列長さを有限と考えると、定めるべき値と1列の基本列の値との差が正の無限小として残るため、その無限小値域で新たに基本列を定義することが可能と考えて定義した基本列のことである。多次元の基本列とはこのような理論の繰り返しで構成される多次元の数列の階層構造からなる基本列のことである。

カントールは限りなくつづく再帰的論理を無限とみなすことを「不適切な無限 (improper infinity)」とよんだが、カントールはこの「不適切な無限」を完成しないと判断して無限数列を一度中断して、つづいて「適切な無限

(proper infinite)」とよんだ上の階層構造の無限を理論づけたのである。

　有限数学にもとづくと、このカントールの実数論は次の理由により有限数学外部に区分される。

　　　i　有限数学では、無限集合の実数体は定義できない。
　　　ii　有限数学では再帰的論理により構成される無限数列はただ限りなくつづく。このため、基本列を有限長で中断してその上に2次元以上の基本列を構成しようとすれば新たに「基本列は有限長で中断できる」との原理を加える必要がある。
　　　iii　有限数学では、有限長の基本列を有限回積重ねても無限長とはならない。

　カントールはこの自らの実数論にもとづいた「超限集合論」を発表した。次にこれを説明する。

## 4　カントール超限集合論との比較

### 4.1　カントール超限集合論

**集合の定義**

　カントールは「超限集合論」の冒頭で集合を概略次のように定めた（カントール (1895/7) 1）。

　　「集合」とは、我々の直観または思惟の対象として確定されていて他のものとよく区別できる（複数の）ものを1個の全体に一括したものである。

**無限集合**

　集合論において無限集合を定める方法は二つある。その一つは自然数な

第Ⅴ章　他の原理との比較

どの「全体(totality)」をある一定の大きさをもつ無限集合とするものである。

このような無限は16世紀ごろから数学理論とみなされて論じられはじめたようである。この無限は「可能的無限」に相対する語として「現実的無限(actual infinite)」ともいわれている。

**無限集合と有限集合の区別**

集合を前提としたとき、無限集合は次のデーデキントによる無限集合と有限集合とを区別する理論によっても得られる。

> 無限集合とはその要素の全体と部分とで1対1対応のとり得る集合であり、そうではない集合を有限集合という（デーデキント(1887) 80-1 の要旨）。

詳説篇第Ⅱ章5節でとりあげたガリレイの『新科学対話』の中にある1対1対応の話がこの区分のヒントとなったかもしれない。ただしデーデキントはガリレイが「理論づけられない」と考えた無限量に対する一対一対応について、逆に「対応する」と考えて無限集合の性質としたのである。

**集合の基数**

カントールはデーデキントによる無限集合と有限集合との区別に加えて、

> 二つの集合の要素間の1対1対応づけが可能である場合、二つの集合の基数（濃度ともいう）が等しい。

と定めた（カントール(1895/97) 1-6）。これによると、有限の$n$個の要素をもつ集合の基数は$n$である。また、自然数全体と偶数全体は$1-2$、$2-4$、$3-6$、…と、1対1対応づけが可能であるゆえに、両集合は同一の無限基数（可算無限）をもつ。

**有理数の順序づけと「可算」**

カントールは自然数、有理数、「代数的数（$\sqrt{2}$など代数方程式の解となる数をこのように呼ぶ）」は1列に順序づけ可能と理論づけた。ここでは

有理数の順序づけを概説する（カントール (1895/7) 22-3）。

　　正で1未満の有理数全体は、分数の分子＋分母の値の小さいものから、分子＋分母の値が同一の分数どうしについては、分数の値の小さいものから順に並べることで1列に順序づけられる。その先頭部は次となる。

| 分子＋分母の値 | 3 | 4 | 5 | 6 | 7 | … |
|---|---|---|---|---|---|---|
| 有理数 | 1／2 | 1／3 | 1／4, 2／3 | 1／5 | 1／6, 2／5, 3／4 | … |

このように1列に順序づけ可能な数は「可算」である。

また、「正で1未満の有理数全体」は有限であるが、整数を含む有理数全体は可算無限であるとした。

**超限集合**

　つづいてカントールは「実数を表わす無限小数列の全体は1列に順序づけられない」との非可算無限の証明をおこなった。伝統的な数学による非可算無限の証明には「区間縮小法」といわれる方法（Cantor(1874)）と「対角線論法」といわれる方法（カントール (1891)）が知られており、両方法とも無限集合概念によらずに非可算無限を証明したとされている（後ほど、この証明と本数学との関係について解明をおこなう）。

　そして次のような「超限集合論」を提唱した。

　　この証明により、1、2、3、…と無限につづき無限に大きくなる自然数列全体は順序づけ可能な可算無限集合であり、1列に順序づけられない実数全体は可算無限集合より大きい非可算無限集合である。

　　さらに対角線論法の結果によると「任意の集合の部分集合の全体は元の集合より基数が大きい」といえる（「部分集合の全体」は「ベキ集合」ともいい、有限基数$n$の集合のベキ集合の基数は、$2^n$

となる)。

　一方、可算無限の基数を$\omega$とすると、$\omega$のベキ集合$2^\omega$は$\omega$より基数が大きく、かつ$2^\omega \leqq \omega^\omega$であるため、$\omega$を$\omega$乗するごとに基数のより大きい集合が得られる。そこでこれらの集合を「超限集合」と名づけ、自然数より大きくなるこれら集合の要素を「順序数」と名づける。

**超限集合論の本数学による解釈**

　超限集合論における無限集合の規定について本数学により解釈しよう。有限値の有限個の数の集合は構成できる。ところが本数学によると、第Ⅱ章4節で説明したとおり、数の無限集合は概念的に得られるが、無限個の数をもつ集合の要素どうしの関係を理論づけることはできない。このため無限集合を含む集合論と本数学とは異なる原理による理論となる。

　次に有理数の順序づけについて有限数学で解釈する。順序づけ可能な数を「可算」と定義、命名することは有限数学上で可能である。ただし、有限数学では順序づけられた自然数も有理数もただどこまでもつづき「可算」の数全体を「無限集合」と確定する理論をもたない。ゆえに「可算無限」を定める理論・概念は有限数学外部となる。

　集合論の立場では非可算無限は伝統的な数学上で証明されたとされており、それゆえに無限集合は伝統的な数学の原理であるとされている。一方、本書では集合論とは異なる本数学の原理を説明した。両者間の食い違った理論の成り立ちについてその原因を解明する必要があるだろう。そこで次に節を改めて非可算無限の証明について本数学における有効性を検証することにする。

## 4.2 非可算無限の証明とその有限数学による解釈

### 4.2.1 構成的実数列

カントールは「無限につづく小数列の全体は１列に順序づけられない」ことを証明したが、伝統的な数学および有限数学にもとづくと次のような実数列を構成することができる。

  有限桁の小数を考える。すると第１変数を小数の桁数、第２変数を小数の値とする再帰的論理による順序づけが考えられて、正で１未満の小数は、その値と桁数に関して、次のように一系列にもれなく限りなく順序づけ可能となる（最後の桁が０となる小数は、先行する小数と値が重複するが、小数が逐一的にもれなく順序づけられることに変わりはない。これを以後「構成的実数列」ということにする）。

0.1, 0.2, 0.3, 0.4, 0.5, 0.6, 0.7, 0.8, 0.9,

0.01, 0.02, 0.03, 0.04, …0.09, 0.10, 0.11, 0.12, …0.98, 0.99,

0.001, 0.002, 0.003, 0.004, …0.010, …0.020, …0.998, 0.999,

…………

この例では１未満の小数としたが、順序づけの第１変数を小数の小数点以上の桁数ならびに小数点以下の桁数、第２変数を小数の値とすると、次のように無制限の値域の小数がもれなく順序づけ可能となる（最後の桁が０となる実数は先行する実数と値が重複するが、小数が逐一的にもれなく限りなく順序づけられることには変わりがない）。

0.1, 0.2, 0.3, …0.9, 1.0, 1.1, 1.2, …9.9,

0.01, 0.02, …0.10, …0.99, 1.00, 1.01, …1.10, …10.00, 10.01, …99.99,
0.001, 0.002, …0.010, …0.100, …0.999, 1.000, …999.000, …999.999,
…………

　構成的実数列にはさまざまな桁数の小数が含まれるため、カントールが対角線論法による非可算無限の証明の対象とした「無限に多くの桁の列」とは異なる。しかしながら、構成的実数列の小数の最後の桁以降には 0 が限りなくつづくとみなすと、構成的実数列のすべてを「無限に多くの桁の列」とみなすことができる。このことは、伝統的な数学上では「互いに異なる無限に多くの桁の列」は限りなく 1 列にリストアップ可能であることを示している。

　有限数学によるとこの構成的実数列は非可算無限の証明の反証例といえるが、非可算無限の実数を前提とすると、これを打ち消す次のような解釈が可能である。

　　　構成的実数列は 1 列に順序づけられた実数列であるため、非可算無限の実数全体の順序づけではない。これは有限個の構成的な実数概念あるいは非可算無限の実数の中から取り出した有限個の実数の順序づけである。

このため、構成的実数列は非可算無限を否定したことにはならない。

　では「構成的実数列」を用いて本数学におけるカントールによる非可算無限の証明の有効性を検証することにする。

### 4.2.2　区間縮小法による超越数の存在証明とその解釈

　カントールによる伝統的な数学上での非可算無限の証明は二つ残されている。その一つがいわゆる「区間縮小法」である。この証明に用いられている代数的数と超越数を説明する。

## 代数的数と超越数

有理数を係数にもつ $n$ 次の代数方程式、
$$a_n x^n + a_{(n-1)} x^{(n-1)} \ldots + a_1 x + a_0 = 0$$
には複素数を含めると $n$ 個の解が求められることが知られている。この解となる数（有理数、無理数がある）を「代数的数」という。古くから知られていた $\sqrt{2}$ などの無理数は代数的数であった。解とはなり得ない無理数のことを「超越数」という。19世紀には、円周率 $\pi$ や、自然対数の底 $e$ などが超越数であることが知られた。

## 区間縮小法の前提

カントールはまず代数方程式がその次数と係数の値を変数として漏れなく限りなく順序づけられることを示した。つづいて「区間縮小法」といわれている方法で、「実数を1列に順序づけたと仮定しても、そのすきまにはそこには含まれない実数列が導入できる」との証明を行い、その証明の直前に示した代数的数の順序づけとあわせて「そのような実数とは順序づけから漏れた超越数である」と結論づけた（Cantor (1874))。

区間縮小法が仮定した「1列に順序づけられた実数」において、実数はその値の大小順には並んでいない。なぜならば隣り合う二つの実数 $a$、$b$ の値が隣り合うとすると、2数の平均値 $(a+b)/2$ が二つの実数の間に入ることになり、元の実数の順序づけが否定されるからである。このようなことから区間縮小の理論は実数の値以外のファクターで順序づけられた実数を想定して組み立てられている。

## 区間縮小の理論部

区間縮小法はその発表後に結論部を先述した極限値を非可算無限の実数とする形に改められた。そこで本書もこの形で説明することにして、最初にカントールの1874年の論文から区間縮小の理論部を引用する。

　　実数の限りなくつづく数列を考える。

第Ⅴ章　他の原理との比較

$$a_1, a_2, \cdots a_n, \cdots \quad ----(*)$$

この数列は1列に順序づけられており、互いに異なる。この数列のどのような任意の区間（α⋯β）の中にも、この数列（*）には含まれないある数 $\eta$（そして結果的に無限に多くのこのような数）が決定できること；これを証明する。

最初の区間（α⋯β）、ただしα＜β、は任意に与えられる；区間（α⋯β）の内部（境界を除く）に含まれて、数列（*）において最前となる二つの数を $\alpha_1$、$\beta_1$、ただし $\alpha_1 < \beta_1$ とすると、区間（$\alpha_1$⋯$\beta_1$）が得られる；同様にして数列（*）の数で（$\alpha_1$⋯$\beta_1$）内部に含まれて、数列（*）において最前となる二つの数 $\alpha_2$、$\beta_2$ が求められて、$\alpha_2 < \beta_2$ とすると、区間（$\alpha_2$⋯$\beta_2$）が得られる；同様にして次の区間（$\alpha_3$⋯$\beta_3$）が得られる；以下同様である。ここに得られた数列 $\alpha_1, \alpha_2, \cdots$ は、数列（*）で定められた順序が常に増加する数列である；数列 $\beta_1, \beta_2, \cdots$ も同様である；さらに数列 $\alpha_1, \alpha_2, \cdots$ の値は常に増加し、数列 $\beta_1, \beta_2, \cdots$ の値は常に減少する。区間（α⋯β）、（$\alpha_1$⋯$\beta_1$）、（$\alpha_2$⋯$\beta_2$）、⋯については各々が後続する区間全体を含む。

ここまでが区間縮小の理論部である。つづく結論部を1895/7年の論文から引用する（カントール (1895/97) 76。用語、記号、導入部は前の論文にそろえる）。

**区間縮小の結論部**

このような実数の増加数列 $\alpha, \alpha_1, \alpha_2, \cdots$ の中にはある特定の数 $\delta$、すなわち、

$$\delta = \operatorname*{Lim}_{n \to \infty} \alpha_n$$

が存在し、この $\delta$ はすべての $\alpha_n$ より大となって、結局、すべての $n$ につき

詳説篇

$$\delta > \alpha_n$$

が成立する。

カントールの実数論にもあったように、数列長さはどこまでも有限値のため、$\alpha_n$ は非可算無限の実数 $\delta$ に到達できないとの結論が得られるのである。

次に区間縮小の理論部を構成的実数列と重ねてみて、有限数学による区間縮小の理論の解釈を行ってみる。

**区間縮小法の証明の有限数学による解釈**

「構成的実数列」の先頭部を再掲する。

0.1, 0.2, 0.3, 0.4, 0.5, 0.6, 0.7, 0.8, 0.9,

0.01, 0.02, 0.03, 0.04, …0.09, 0.10, 0.11, 0.12, …0.98, 0.99,

0.001, 0.002, 0.003, 0.004, …0.010, …0.020, …0.998, 0.999,

・・・

区間縮小の最初の任意の区間（$\alpha \cdots \beta$）を、この実数列の先頭部の二つの数 0.1 と 0.2 で定まる区間（0.1, …0.2）とする。この区間の内部で最前の順序をもつ二つの数は

0.11 と 0.12 であるため、次の区間（$\alpha_1 \cdots \beta_1$）は（0.11, …0.12）となる。同様の理論により、次の区間は（0.111 …0.112）となる。以下この理論が繰り返えされる。これを次に図示する。

この条件下では、区間縮小の理論で生成される増加数列 $\alpha$、$\alpha_1$、$\alpha_2$、…は、0.1、0.11、0.111、…となり、これは 1／9 から循環小数 0.111… を得る有限数学の演算と一致する。区間縮小の最初の区間を選び直すと、異なった増加数列が得られるが、やはり循環小数となる。

この構成的実数列を用いた精査によると、区間縮小の理論部からは循環小数（分数）が構成されることが判明した。この結果は次のようにまとめられる。

　ⅰ　区間縮小法の理論部から循環小数が得られることから、これは「小数の順序づけや小数列の長さは限りなくつづく」との有限数学における再帰的論理の性質を示していると解釈される。

　ⅱ　ⅰにより、有限数学によると区間縮小法は、1 列に順序づけられた実数列のすきまに超越数が存在するか否か、超越数が順序づけられるか否かについて何らかの回答を示しているとはみなせない。

このようなことから有限数学によると、区間縮小法による「実数全体は 1 列に順序づけられない」との証明は有限数学の理論にはない「超越数は 1 列に順序づけられない」との再帰的論理の帰結に関する「みなし」として成立していることが分かる。

なお、「超越数は 1 列に順序づけられる」と仮定して有限数学上で矛盾が導けるならば「超越数は 1 列に順序づけられない」は有限数学の依存の理論として成立するが、再帰的論を用いた順序づけの帰結となる理論を有限数学はもたないため、この証明はできない。そして本数学によると超越数も極限の値をもつ 1 列の無限小数で表示される。

次に、もう一つの非可算無限の証明である対角線論法について、本数学における有効性を検討しよう。

### 4.2.3　対角線論法による非可算無限の証明とその解釈

**対角線論法**

　1891年、カントールは「二値の無限に多くの桁の列の全体、$M$」は1列にリストアップできないことをいわゆる対角線論法で証明した（小数は2進数でも表記可能であるため、2値の無限に多くの桁の列に該当する）。

　カントールの対角線論法は無限集合概念である$M$を前提としているため、その理論に立ち入ることなく有限数学外部の理論と判定できる。ところが対角線論法をめぐっては、「構成的な理論を用いて非可算無限を証明した」との見方もあるため、念のため構成的実数列によりその論法を精査してみることにする。

　これに先立ちカントールの対角線論法をそっくり引用して確認する（カントール(1891) 116-8）。

　　$m$と$w$をたがいに区別のつく或る二つの文字とし、ここで、無限に多くの座標$x_1, x_2, \cdots x_\nu, \cdots$ に依存して定まるもの$E = (x_1, x_2, \cdots x_\nu, \cdots)$で、その各座標が$m$か$w$であるような要素の集合（Inbegriff）$M$を考察する。$M$は要素$E$の全体である。

　　$M$の要素の中には、たとえば次の三つの要素などが属している。
$$E^{\mathrm{I}}(m, m, m, m, \cdots),$$
$$E^{\mathrm{II}}(w, w, w, w, \cdots),$$
$$E^{\mathrm{III}}(m, w, m, w, \cdots),$$

　　私はここで、このような集合（Mannigfaltigkeit）$M$は、列$1, 2, \cdots, \nu, \cdots$ の濃度をもっていないということを主張する。

　　それは次の定理から得られる。

　　「$E_1, E_2, \cdots E_\nu, \cdots$ を、集合（Mannigfaltigkeit）$M$の或る要素からなる

任意の単一な無限数列であるとすると、$M$ の要素で、そのどの $E_\nu$ とも一致しないような $E_0$ が必ず存在する」

これを証明するため、

$$E_1 = (a_{1,1}, a_{1,2}, \cdots, a_{1,\nu}, \cdots),$$
$$E_2 = (a_{2,1}, a_{2,2}, \cdots, a_{2,\nu}, \cdots),$$
$$\cdots\cdots\cdots\cdots\cdots$$
$$E_\mu = (a_{\mu,1}, a_{\mu,2}, \cdots, a_{\nu,\nu}, \cdots),$$
$$\cdots\cdots\cdots\cdots\cdots$$

とおく。ここで $a_{\mu,\nu}$ は $m$ あるいは $w$ のどちらかに定まっているものである。さてここで一つの列 $b_1, b_2, \cdots, b_\nu, \cdots$ を定義するのだが、その際、$b_\nu$ もまた $m$ または $w$ に等しいが $a_{\nu,\nu}$ とは違ったものであるようにする。

要するに、もし $a_{\nu,\nu} = m$ ならば $b_\nu = w$ であり、$a_{\nu,\nu} = w$ ならば $b_\nu = m$ であるとするのである。

次に $M$ の要素

$$E_0 = (b_1, b_2, b_3, \cdots)$$

を見てみると、いかなる正の整数値 $\mu$ に対しても、等式

$$E_0 = E_\mu$$

は決して成立しえないことが直ちに分かる。というのは、もしそれが成り立つとすると、この $\mu$ に対しては、あらゆる整数値 $\nu$ について

$$b_\nu = a_{\mu,\nu}$$

となるはずであり、そうなれば、特に

$$b_\mu = a_{\mu,\mu}$$

となるはずであるが、これは $b_\nu$ の定義から見て、ありえぬことだからである。この定理から $M$ のすべての要素の全体（Gesamtheit）

は［単一な］列の形、$E_1$、$E_2$、…$E_\nu$、… には書けないことが直ちに得られる。それは、もしそう書けたとすると、一つの対象 $E_0$ が、$M$ の要素であり、しかも $M$ の要素ではないという矛盾に陥るからである。

以上の引用で明らかなとおり、「$M$ は要素 $E$ の全体である」との無限集合概念を含む前提理論により対角線論法は成立しているのである。

次に構成的実数列を用いて、この対角線論法の理論の精査を試みよう。

**対角線論法の解釈**

「構成的実数列」にはさまざまな桁数の小数が含まれるため、カントールが対角線論法の対象とした「無限に多くの桁の列」とは異なる。しかしながら、構成的実数列の小数の最後の桁以降には０が限りなくつづくとみなすと、構成的実数列のすべてを「無限に多くの桁の列」とみなすことができる（このことは、有限数学では「互いに異なる無限に多くの桁の列」は無限に１列にリストアップ可能と考え得ることを示している）。

そこで、構成的実数列の小数の最後の桁以降に０が限りなくつづくとみなした「無限に多くの桁の列」に対して、対角線論法の理論を適用してみる。

まず、この「無限に多くの桁の列」を先頭から縦列に並べる。

$$E_1 = 0.\underline{1}0000\cdots$$
$$E_2 = 0.2\underline{0}000\cdots$$
$$E_3 = 0.30\underline{0}00\cdots$$
$$\cdots$$

つづいて、対角線論法の理論にしたがい１番目の実数とは１桁目が、２番目の実数とは２桁目が、$\nu$ 番目の実数とは $\nu$ 桁目（上の列の下線をつけた数）が異なる小数列 $E_0$ の構成を試みる。ここでは、$\nu$ 番目の実数の $\nu$ 桁目の値 $n$ が０の場合はその値を１として、０以外の場合は０としよう。

第Ⅴ章　他の原理との比較

　すると $E_0$ として、下 1 桁目が 0 でそれ以降は 1 となる循環小数列
$$E_0 = 0.011111\cdots$$
が得られる。これは、1／90 から得られる小数列である。

　すなわち、有限数学によると「無限に多くの桁の列」から対角線論法により構成される小数列はただどこまでもつづき、小数列の全体 $E_0$ は有限数学外部の概念となる。さらに循環小数列 $E_0$ は、有限数学では対角線論法によらなくても、1／90 を小数表記する演算で構成されるため、対角線論法は特別に新しい理論・概念を証明しているとはみなせないのである。

　これとは異なり、カントールは $E_0$ を完成した無限集合 $M$ の完成した一要素とみなして、つづけて「次に $M$ の要素 $E_0 = (b_1, b_2, b_3, \cdots)$ を見てみると、いかなる正の整数値 $\mu$ に対しても、等式 $E_0 = E_\mu$ は決して成立しえないことが直ちに分かる」と論じているのである。

　この精査により、対角線論法に含まれるが有限数学の外部となる前提と理論が明らかになった。その前提とは「数列全体 $M$ がリストアップされた」さらに「$M$ は可算無限である」との二つの仮定である。そして有限数学の外部となる理論とは「$E_0$ を定める対角線論法の理論により可算無限桁の $E_0$ が完成する」との前提に合わせた理論である。ともに有限数学外部となるこの前提と理論はこのどちらが欠けてもカントールの対角線論法は成立しない。

　以上で、伝統的な数学にもとづくとされる二つの非可算無限の証明にはそれぞれ有限数学外部となる理論・概念が用いられているため、有限数学外部の理論であることが確認され、有限数学の原理は集合論には依存しないことが明らかになった（他にも、「可算無限集合のベキ集合は非可算無限集合である」との集合論上の証明が知られているが、この証明は無限集合を前提としているため、有限数学外部の理論であることは明らかである）。

　なお、このような証明が現れた背景として、証明が発表された当時には

詳説篇

すでに「整数全体」との無限概念が数学理論とみなされていたことが考えられるだろう。

それでは次に、カントールが提唱した素朴な集合概念が引き起こしたパラドックスとこれにより生起した数学基礎論論争を説明する。

### 4．3　パラドックス、数学基礎論論争とその解釈

**素朴な集合論とパラドックス**

本数学の理論には非数値の集合は含まれないが、集合論には非数値の集合も含まれる。カントールが提唱した対象を特に制限しない素朴な集合概念からはパラドックス（非数値の理論で発生する不整合性、矛盾）が生じることが発見された。次に代表的な二つのパラドックスを説明し、本数学の立場から解釈してみる。

**嘘つきのパラドックス**

まず、「嘘つきのパラドックス」といわれている古くから知られたパラドックスを取り上げる。

> あるクレタ人が「クレタ人はみな嘘つきだ」といった。このクレタ人のいったことは正しいか、嘘か。正しいと考えるとこのクレタ人も嘘つきであることが否定される。嘘と考えるとこのクレタ人は「クレタ人はみな嘘つきではない」といったことになるため、やはりこのクレタ人が嘘つきであることが否定される。どちらと考えても矛盾が発生する。

**本数学の立場からの解釈**

本数学は数に関する理論であるためにパラドックスは生じない。

参考のためにこの理論を「整合的な理論域」により考えてみると、「Aクレタ人の嘘」によって、「Bクレタ人は嘘つきだ」という理論は肯定も

第Ⅴ章　他の原理との比較

否定もできない。つまり、BはAの理論の外部の理論である。Bの理論はAにもAの否定にも属さず、両者を同時に考えることのできる第3の理論域というか人の思考域に属するといえる。

このことからパラドックスは、別々の原理からなる理論を一つの原理からなる理論とみなすことで発生するとも解釈できる。数値であっても言葉であっても論理推論規則を用いて整合的な理論を構成しようとすれば、その用法は一定の制限を受けるのである。

**ラッセルのパラドックス**

次の「ラッセルのパラドックス」は、1902年にラッセルにより発見されて、数学基礎論論争を引き起こしたことで有名である。

　　集合は集合の要素になり得る。するとどのような集合もそれ自身を要素として含まない集合（ラッセルの頭文字Rをとり「R集合」という）と、それ自身を要素として含む集合（「非R集合」という）とのどちらかに分類可能だろう。たとえば「花の集合」はこの定義自身は花ではないためR集合である。また「10文字の言葉の集合」はこの定義自身が10文字の言葉であるため非R集合である。

　　次に「すべてのR集合を要素とした集合」を集合Xとする。集合Xはどちらの集合だろうか。まず集合Xの定義「すべてのR集合を要素とした集合」はXの要素には該当しないゆえにXはR集合A集合であるといえる。そこでXをR集合と仮定する。するとXはXの定義「すべてのR集合を要素とした集合」によりXの要素でなければならない。これはXが非R集合であることを意味する。これは矛盾である。

**本数学の立場からの解釈**

このパラドックスについては、集合を数集合に限ると、数集合はすべてR集合であって、非R集合は定義できない。このため本数学ではこのよ

239

うなパラドックスは生じない。このパラドックスはR集合も非R集合も共に定義できるとする理論系で発生するのである。

　また、集合概念を数以外に広げるとしても、「10文字の言葉の集合」の要素には「$xx$文字の言葉の集合（ただし、$xx$は2文字で表された数値）」をすべて含み得るため、非R集合は10文字以外の言葉の集合を含む不確定な集合となって、この不確定さによる困難も予測される。これには言葉の意味が関連してくるが、言葉の意味については必ずしも集合概念で一律的に理論づけられないだろう。

**数学基礎論論争**

　これらのパラドックスをめぐっては、数学基礎論論争が生起した（数学基礎論論争の文献例。Ferreirós；Hilbert (1918), (1925)；ヒルベルト (1927)；ポアンカレ (1902) 20-77, (1908) 150-211；ラッセル；ワイル (1927/49) 3-60；足立 211-245；日本数学会 659-62；林、八杉 87-249）。

　数学基礎論論争において、ヒルベルト、ラッセルらは集合論を支持したが、これに対して、構成的な数の概念を支持したポアンカレは「数学的帰納法」とよばれた再帰的論理、

　　i　$n$が自然数ならば$n+1$も自然数である。
　　ii　1は自然数である。

で限りなく自然数が構成できることに注目して、

> 再帰的論理（recurrence）のみが我々を有限から無限に導くツールである。再帰的論理によると、我々は望むだけのステップを飛び越すことができる。

と主張した（Poincaré (1902) 11）。

　また、同じ立場をとったルイツェン-ブラウワー（1881-1966）、ヘルマン-ワイル（1885-1955）は「連続体は1線分の逐一的な分割により構成される」と主張した（ワイル 57-9）。ブラウワーはさらに伝統的な数学

第Ⅴ章　他の原理との比較

に用いられてきた排中律などの推論規則の無限集合に対する有効性に疑義を唱えた。

　彼らの主張は大きな支持を得ることができなかったが、この理由について本書の数学の見方にもとづくと次のように考え得る。

　　　彼らの無限論は、伝統的な数学と整合的であったとしても、本書のように数学が数値を中心とした数学的推理法にもとづいていること、無限値が数学上の整合的な概念であることを論じなかったために、共通了解性が低く認めがたかった。上のポアンカレの主張も本書の無限値の規定とは整合的ではあるが、原理として必要なシンプルな規定（命題、数式）とはなっていない。これはちょうど、虚数概念が便利だといわれながらも、ガウスによる複素平面を用いた虚数に関する「美しい」とまで賞賛される理論が現れるまで、虚数が数として認められなかった状況に似ている。歴史をさかのぼると負数についても似たような状況があった。

　このような中で、さらに無限を理論の対象とすることへの強い関心が超限集合論を後押ししたのだろう。

　ではつづいて、数学基礎論論争を経て誕生した「公理的集合論」について、本書の見方を交えながら説明する。

## 4.4　公理的集合論

　本章1節の公理論の説明では、公理系が成り立つ条件として「矛盾が生じないこと」と説明したが、後に公理論にもとづいた公理系の無矛盾性は証明できないということになった。しかし、集合論は1930年ごろ、基本的に『カントール超限集合論』を生かしながらパラドックスを回避するように選ばれた公理系からなる今日の公理的集合論へと生まれ変わった。

241

## 詳説篇

公理的集合論によると、最初の自然数に相当する可算無限$\omega$の順序数は概略次のような再帰的論理を用いて定められる。

ⅰ) $\phi$（空）は集合の要素である。

ⅱ) $a$が集合の要素であれば、$a$と$\{a\}$を要素とする集合が存在する（$\{a\}$は$a$を要素とする集合を意味する）。

この理論により定まる順序数の先頭部は次となる。

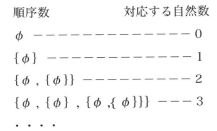

| 順序数 | 対応する自然数 |
|---|---|
| $\phi$ | 0 |
| $\{\phi\}$ | 1 |
| $\{\phi,\{\phi\}\}$ | 2 |
| $\{\phi,\{\phi\},\{\phi,\{\phi\}\}\}$ | 3 |
| ‥‥ | |

これにつづいて「集合にはベキ集合が存在する」との公理により、可算無限集合$\omega$のベキ集合として非可算無限の実数体$\omega^\omega$、次のベキ集合$(\omega^\omega)^\omega$のようにして無限に連なる超限集合列が定義される。

公理的集合論では、このように定義された集合ならびに同類の集合のみを理論の対象とすることでパラドックスが回避される。

本書によると本数学は数値の理論であるため、0は空集合というよりも正負の境界、特別な結果が得られる演算、座標の原点を表す。また本数学では無限値は定義できるが超限集合は定義できない。この点からも超限集合論が本数学とは異なる原理にもとづくことは明白である。

### 4.5　集合論による伝統的な数学理論の解釈

**数値と演算**

公理的集合論では、有限数学に相当する数学理論は公理的集合論の中で

第V章　他の原理との比較

成立するとされている。数値とその演算については次のように定義される。

> i　順序数の可算無限集合部分により自然数、整数の値が定義される。
>
> ii　分子が分母より小さい整数の組み合わせにより有限個の真分数が定義される。
>
> iii　iとiiの和により可算無限の有理数体が構成される。
>
> iv　有理数の数値についての四則演算が定義される。
>
> v　順序数の非可算無限集合により実数が定義され、これに対して四則演算が公理として規定される。

このような一連の理論を踏まえて、今日の数学理論はたとえ有限値の数学理論を記述する場合であっても、最初に理論で用いる数が属する数体を、整数体、有理数体、実数体などと規定して、その上で理論を展開する形で記述することが通例となっている。

**集合論における矛盾**

公理的集合論では、矛盾とはたとえば関係 $0 \neq 0$ が生じること（ヒルベルト (1927) 252-3）とされている。

**極限値理論**

カントールの実数論を受けて構成的な実数概念からなる極限値理論には、同時代の数学者らにより、次のような非可算無限の実数論による解釈が与えられた。

極限値を表す式

$$\lim_{n \to \infty} a_n = a$$

において、極限値 $a$ は非可算無限の実数である。一方、1列の無限数列 $a_1$、$a_2$、$a_3$、… の長さ（項の個数、順位）を表す $n$ および $\infty$ はどこまでも有限値であるため、1列の無限数列で表された構成的

な実数の値は極限値 $a$ と一致しない。

この理論によると∞とは、「任意の（大きい）$n_0$ より大きいすべての数 $n$（日本数学会 688-9）」、または「確定したどのような値よりも大きい値（Clapham、Nicolson 230）」である。

このような解釈にもとづき、1 列の無限数列の∞長での値と非可算無限の実数値である極限値との関係や連続的な直線、曲線を覆いつくす実数などを論じる今日「解析学（analysis）」といわれている一連の理論が生れた。

**集合論の原理と本数学との比較**

本書では第Ⅰ章と第Ⅱ章において、有限数学は数値と演算に関する数学的推理にもとづくこと、これを原理とした本数学によると上記の矛盾の由来や極限値理論についてもシンプルに理論づけ可能であることを説明した。このような本数学の成り立ちには以上の集合論の原理を必要とはしない。

また順序数の定義から自然数、分数などを定義する理論よりも、本書で説明した数学の成り立ちの方が私たちの習得した数学の姿を直接的に表している。

ではつづいて、集合論が生んだ理論について本数学による解釈を試みる。

## 4.6 集合論が生んだ理論の本数学との比較

### 4.6.1 二つの原理の比較の方法

内部整合的であっても原理の異なる二つの理論系であって互いに整合する部分が少ない場合、二つの理論を互いに比較すると互いに「分からない」という結果となるだろう。

**理論の比較のツールとしての本数学の原理性**

しかし従来の理論では数学は理論のツールとして用いられている。この

第Ⅴ章　他の原理との比較

ため、これらの理論には本数学に重なったり本数学で説明できる部分が生じており、この部分については本数学にもとづいて解釈することができる。

　集合論もその例外ではない。公理的集合論で使用される数は順序数とされているが、集合論に含まれる有限の順序数集合の理論に限れば、有限数学の理論を重ね合わせることができるため、これにより本数学による解釈が可能となる（先の非可算無限の証明の「構成的実数列」による解釈の方法と同様である）。

　次にこの方法で集合論が生んだ「不完全性定理」と「再帰理論」の解釈を試みる。

### 4.6.2　「不完全性定理」の解釈

　先に「公理とは単なる仮定である。ただし公理的な数学が成立するためには、矛盾の発生しない公理系が前提となる」とのヒルベルトの公理論を説明したが、これを受けてゲーデルは1931年にいわゆる「不完全性定理」を発表した。その中でゲーデルは、『数学原理 (Principia Mathematica)』の公理系（ラッセルとホワイトヘッドが提唱した有限値の数集合を含む公理系で、以下 $PM$ と表わす）を用いて、パラドックスを表す論理式（以下 $R$ と表わす）を表す整数値 $r$ が得られることを、用いる理論記号、推論規則ごとに異なる素数値を割り当てる方法を用いて証明した（日本数学会 661；ゲーデル 15-72）。

　ゲーデルはこの証明の結果を「普通の整数の理論における比較的単純な問題でありながら、公理系から決定することができないようなものさえ存在する」と解説して（ゲーデル 16-7）、さらにこの証明が成立する理論体系の条件として、

　　　i　証明の理論体系に特に「証明可能な理論式」という概念を定義するに十分な表現手段をもつ。

詳説篇

> ii　その理論体系で証明可能な理論式が内容的に正しい。

の二つを挙げた（ゲーデル 20-1）。

この証明が用いた $PM$ の有限値集合に本数学の有限値を重ね合わせると、この証明の理論体系について次のような解釈が可能となる。

> ゲーデルは本数学を用いた自らの証明理論により $R$ に対応する整数値 $r$ を得た。ところが、本数学にはパラドックスに関する理論は含まれず、上のi、iiの条件も満たしていないため、どのような整数値もパラドックスとは関係づけられない。
>
> 　ゲーデルは、自らの証明理論を逆にたどって整数値 $r$ を論理式 $R$ とむすびつけて、さらに「論理式 $R$ はパラドックスとなる」との本数学外部の理論（集合論）にむすびつけることによって、「整数の理論にも公理系から決定することができないようなものさえ存在する」と結論づけたのである。

このように考えると、「不完全性定理」は本数学の不完全性を証明したものではなく、

> 本数学の整数の理論をツールとして用いても、非数値の集合論の論理から発生するパラドックスを集合論内部で発生させ得ることを証明した。

との解釈ができよう。

これで「不完全性定理」の解釈を終える。つづいて、「再帰理論」の解釈をおこなう。

### 4.6.3　「再帰理論」とその解釈

超限集合に関連してヒルベルトは、「再帰的に無限に多く構成された関数を含む関数」の重層構造によると、非可算無限の関数が構成できるだろうとの説を発表した（Hilbert (1925) 384-92）。その後このヒルベルトの

第Ⅴ章　他の原理との比較

説を受けておおむね次のような非可算無限の関数の構成方法が発表された。この一連の理論は「再帰理論」または「帰納的関数の理論」といわれている。

　この主な理論を概説し、本数学にて解釈してみよう。

　　　ⅰ　概略的な表現ではあるが、増加率 $a$ にて無限に多く構成可能な関数群と、これに対して増加率が $2^a$ を上回る多数の関数群を構成するアッカーマンによる方法（Ackermann）。

　　　ⅱ　同じくアッカーマンによる「帰納的に構成された関数」とはみなせない無限に多くの関数群を構成する方法（Ackermann）。

　　　ⅲ　ペーターによる、無限に多く構成された関数群を用いて、対角線論法により新たな関数群を構成する方法 (van Heijenoort 494)。

本数学によると、これらを非可算無限の関数の構成方法とする見方は、次の理由でいずれも本数学外部の理論となる。

　ⅲに関して、可算無限の概念を欠く本数学内部において、対角線論法が非可算無限の証明とはならないことは先に確認した。ⅰの方法もまた、この対角線論法から導かれる理論に依拠しているため、本数学内部では非可算無限の証明とはならない。

　残るⅱの方法について検討する。

　先の非可算無限の証明の検証結果により本数学の理論を本数学内部の有限値に関する理論に限ることの整合性は確認された。これにより、どのような理論 $\rho$ であっても、

　　　A　$\rho$ が本数学で証明され得る理論であれば、$\rho$ は有限値または無限値に関する理論である。

　　　B　$\rho$ が本数学で証明され得ない理論であれば、$\rho$ は本数学外部の理論である。

のどちらかとなるため、いずれにしても $\rho$ は「本数学で証明された非可算

247

無限」とはならない。

　以上で集合論についての説明を終える。

### 4．7　集合論との比較論のまとめ

　本書が得た本数学は私たちの習得した数学本来の姿をそのまま表した共通的な理論である。そこでは理論の正しさと整合性は「数値に関する整合的な理論」という理論域で担保されている。
　これに対して、集合論は、数の無限集合と言葉の集合を理論域にとりいれるとの強い関心にもとづいて、私たちの習得した数学本来の姿よりも
・無限集合である数全体
・無前提の公理系から理論が構成されるとの公理論
との規範を優先した理論となっている。
　今日では、超限集合は正しい、絶対的との前提に立って超限集合から数学・論理学の証明可能域などを論じる「数学基礎論」という学問があるが、ここまでの検討によると超限集合論は私たちの私たちの習得した数学本来の姿ではなく、「数学と論理学の基礎を絶対的な無限におく」との理念の下に得られたものだと思われる。

## 5　計算可能性理論の原理とその解釈

　集合論成立以降に提唱された無限論として、1937年にアラン-チューリング（1912-1954）が提唱した「計算可能性理論」をとりあげてみる。
　計算可能性理論ではチューリングマシン（入出力機能と演算機能を備えた簡単なコンピューターと考えてよい）を想定して、計算の可能性、不可能性は計算時間という物理的条件にもとづき判定される。チューリングマ

シンによると、出口のない再帰的論理の実行はいつまでもつづくゆえに計算不可能と判定される。

**本数学の立場による解釈**

「再帰的論理を停止させる理論をもたない理論系」において、理論外部からこれを強制的に停止する例として、私たちは次のような経験をしているだろう。

> 伝統的な数学の理論にしたがって分数を小数列に変換する割り算を実行する。しかし、私たちは小数が循環小数となることに気がつけば計算を中断する。

コンピューターの場合でも、何らかの理由で出口のない再帰的論理を実行し始めると、外部から強制的にコンピューターを止めない限り、コンピューターは再帰的論理を実行しつづける。

このような事例は、いうまでもなく計算に時間を必要とする世界で発生する。集合論の背景にある「限りなくつづく再帰的論理は終了しない。そこで別途再帰的論理で定義される理論の全体を考える」との理論に通じるだろう。本数学の原理には時間は含まれないため再帰的論理は完遂される。

**無限論をめぐる今日の状況**

無限論をめぐる今日の状況は次のように考えられる。

- i 絶対的と信じられながら長く理論づけの試みを拒み続けてきた「無限」を、「全体」と「対角線論法」との分かりやすい理論・概念によって超限集合にまで拡張した「集合論」が定着し、超限集合にもとづく数学基礎論が論じられるに至った。これにより、他の無限論の可能性への関心が薄れた。
- ii 「計算可能性理論」が現れて（時間概念から逃れることのできないこの世界において）「再帰的論理は完遂できない」との見方が定着した。

iii　この結果として新たな無限論は論じられなくなった。
　本書はこの状況に一石投じたのである。
　これをもって本書による本数学を原理とする理論の解明および他の理論の原理との比較説明すべてを終える。

## 6　どの原理が正しいか

　本書が解き明した理論の原理が他の理論の原理に依存しないことと、本書の原理によると他の原理にもとづく理論が明確に読み解けることが明らかになった。
　本書が解明した原理も他の原理も互いに独立した原理であって、これらの原理の選択基準となる最後の原理は私たちのもつ総合的な判断力ということになるだろう。

# 理論の歴史年表 （集合論および本書による解釈つき）

　本書の内容と歴史的に蓄積されてきた多くの理論との関係を概観できるように、ここでは関連する主な理論を選び出し年代順に並べて概説した。必要に応じて参考のために、これに対する集合論にもとづく解釈（《集》との記号で始まる）と、本書にもとづく解釈（《本》との記号で始まる）の概略および関連する本書の章、節を併記した。

先史、原史時代
　　ユークリッドの『原論』に集成されている個数、分数、直線とその長さ、平面とその面積、立体とその体積の理論（概念を含む）の起源については、物々交換の社会での必要性および古代エジプトなどの農耕文明において、農耕地の管理、農耕地からの収穫量の予測、収穫物の計量、貯蔵などの必要性から生まれたとの説は有力である（詳説篇第Ⅱ章、第Ⅲ章1節）。

紀元前450年ごろ
　　古代ギリシャのエレア派ゼノンによる無限に関する難問「アキレスは去る人に追いつけない」が現れた。ゼノンはこれをもって「運動するものは仮象である」と考えたと伝わる（第Ⅰ章4節）。

紀元前300年ごろ
　　アリストテレスは著書『自然学』において、理論の対象を「現実態」と「可能態」とのカテゴリーに分けた上で、無限（または無限論）についてゼノンの難問を例にして論じて、「無限とは可能態である」と結論した。「可能的無限」との言葉はこれにもとづいている（詳説篇第Ⅴ1節）。

紀元前300年ごろ
　　古代ギリシャの幾何学を集大成して公理にもとづいて論じたユークリッド

の『原論』が現れた。

平行線は、長方形の対向する辺の関係ではなく、どこまでも交わらない２本の直線の関係として公理化された。

「正方形の辺と対角線の長さの比は通約不可能である」つまり「辺と対角線の比が分数では表せない」ことの背理法による証明が現れ、長さにおいて、比例量（＝通約可能量）と無理量（＝通約不可能量）の分類が生じた（第Ⅲ章第3節）。

《本》　ユークリッドの『原論』に記載された公理は原則的に本数学により、定義、証明可能である。平行線公理の問題については、本数学の座標幾何学により解決する（第Ⅲ章3．2節）。

## 紀元前200年ごろ

「アルキメデスの公理」が現れた。これを今日の数記号で説明すると、

$a, b$ を正の数とすれば、$a$ がどのように小さく、$b$ がどのように大きくても、$b < n \times a$ となる自然数 $n$ が存在する。

《本》　これは有限値の性質である。再帰的論理によると、自然数、整数、実数において限りなく大きい値が得られ、正の実数において限りなく小さい値が得られる（第Ⅰ章）。

## 13世紀ごろ

多くの種類の言語があるように、何種類もの数字による異なった進数（ベース）の記数法がもちいられていた西洋に、アラビア数字（0、1、2、3、…、9）と10進法を用いた記数法が伝わった。しかし当時は0は位どりの記号であり、1は大きさの単位となる特殊な数とみなされていた。16世紀ごろ、0、1が他の数と同列とみなされ、その後、負数が正数と同列に扱われるようになったとされている（第Ⅰ章3．3節）

## 14世紀

スコラ学派のオッカムは論争にあたり「不必要に多数の仮定をたててはな

らない」と説いた。これは今日「オッカムのカミソリ」といわれている。

《本》　これは本書の「シンプルで整合的な理論は正しいと信頼される」との見方と軌を同じくする重要な原則である。

16世紀末

それまでのたとえば355＋51／60のように表わしていた実数の分数部の記数法として小数を用いる方法が西洋に伝わった。小数は分数に比べて大きさの比較や計算面で格段の利便性をもたらし、またたく間に普及した（Boyer 315-9）。（今でも英語では小数部は fractional part とよばれている）

小数によると、分数では表記できないとされた無理量（＝共約不可能量）は限りなく循環しない無限小数列で表され、このように表記される無理数は確定値といえるか否かとの新たな難問がもたらされた（第Ⅰ章4．2節）。

1632年

ガリレイにより『天文対話』が書かれ、「動く船のマストの上から石を落しても、石はマストの根元に落ちる」との今日「ガリレイ変換によっても不変」といわれている運動法則の性質が明らかにされた。

1637年

デカルトにより、今日、「直交デカルト座標」といわれる2、3次元座標を用いた『幾何学』が書かれた。

《本》　本数学上の直交デカルト座標によると、座標上の位置は関数、方程式で表すことができるため、ユークリッド幾何学の公理（部分をもたない点、幅のない直線、円弧、平行線など）は原理的に定義可能である（第Ⅲ章2〜3節）。

1638年

ガリレイがそれまでのアリストテレスの『自然学』の影響が強かった運動法則などを見直した『新科学対話』を書いた。

無限論に関連して、「無限の自然数とその平方数（＝2乗した数）とどち

らの方が数が多いか」という問題を取り上げ、平方数は根（＝元の数）とちょうど同じだけあり、またすべての数は根であるから、平方数は自然数とおなじだけあると説明しながらも最後には、すべての数は無限であり、「等しい」、「多い」、「少ない」という属性はただ有限量にのみあって、無限量にはない、としかいえないと結論した（詳説篇第II章5節）。

物体の速度に関連して、「速度とは、物体の移動した距離と移動にかかった時間との比」であると規定して、静止とは「速度が0となる極限である」と規定した。

運動の法則については、「物体はその重さに関係なく、時間の2乗に比例した距離を落下する」と説明した。

## 1644年

デカルト著『哲学原理』の中で、今日の慣性の法則が示された。

## 1655年

ウォリスの著書『無限小算術』により、「無限大」「無限小」「極限の概念」記号「$\infty$」が提唱された。

## 1665年

パスカルが書き遺した『数三角形論』において、コイン投げなど二つの結果の発生確率が等しい確率事象を繰り返すと、今日いう「二項分布」が構成されることが説明されて、これにより公平な賭博の条件を論じた（第IV章3．1節）。

## 1687年

ニュートンにより、今日用いられている力学の法則を数学的に記述した『自然哲学の数学的原理』、略称『プリンシピア』が発表された。この中でニュートンは、時空間については数学的時空間とよんで特別の説明なくこれを使用した。微分積分値は特別な説明なく確定値とみなしてこれを使用した。数学的時空間については静止した時空間とこれに等速運動する時空間に一

且は分けながらも「分けられない」と説明した（Ⅳ章2節）。

《本》 数学的時空間概念において、その原点の位置は数学の理論域外となる概念である。対象が地上にある場合、原点を地上に固定することができるが、宇宙に対して原点の固定点は見出せない。

天体の動きを厳密には表せないニュートン力学がそれでも理論として認められている大きな理由は、厳密ではなくてもニュートン力学によると天体・物体の動きを数学上のシンプルな法則により総合的に説明できるからであろう（第Ⅳ章2節）。

## 1760年

オイラーが剛体の運動方程式を提唱した。ニュートン力学では物体は質量をもつ点（質点）とみなされていた。剛体は変形しない立体に質量が分布した物体の数学モデルである。

## 18世紀

ロピタル、バークリー、オイラー、ラグランジュなど多くの数学者により今日「無限小解析」といわれている連続性に関する多様な理論が生れた。

《本》 有限数学では、0に収束する無限数列はただどこまでも収束をつづけるため、無限小は定義できない。さらに、無限数学ではその収束値は厳密に0となる（第Ⅰ章4節、第Ⅱ章1節）。

## 1781年

カントにより『純粋理性批判』が書かれた。カントは認識能力を経験に先立ち備わる先天的な超越論的、先験的（ア・プリオリ）なものと、経験により得られる後天的（ア・ポステリオリ）なものに分けた。そして、時空間概念、数学、論理学の原理については先験的な認識能力によるとした（詳説篇第Ⅴ章1節）。

《本》 言葉も数値と演算も同じように学習される。ただし言葉は対象を類別するが、数値は言葉による類別にはかかわりなく対象の量的概念を表わすた

め言葉に影響されない（第Ⅰ章2.1節）。

## 1789 年
ラザフォードにより熱が物質粒子の運動であるとの説が提唱された。

## 1803 年
ドルトンにより物質は元素ごとに一定の質量をもつ原子からなるとの19世紀原子論が提唱された。

## 1811 年
アヴォガドロにより等温、等圧、同体積の気体はその種類によらず一定数の気体粒子を含むとの仮説が提唱された。この説は原子、分子の違いが明らかとなった1860年ごろ認められた。

## 1814 年
ラプラスは「自然は原因と結果の連なりである。ゆえにその法則を知った英知があれば、宇宙のすべてを見通せるだろう」との考えを示した。この英知は「ラプラスの悪魔」といわれた。

カオス、複雑系および量子論などの概念が明らかとなった今日では、ラプラスの悪魔はありえないと考えられている。

## 1821 年
コーシーにより、微分積分概念などに現れる無限数列の値に関する極限値理論が発表された。今日、極限値をもつ無限数列はコーシー列といわれている。しかしコーシー列の表す極限値も確定値とはならないと指摘されて、ここから19世紀の無限論が生起した（第Ⅰ章4節）。

《集》　1列の無限数列の極限値は確定値ではない。多次の無限数列からなる非可算無限の実数が確定値である（詳説篇第Ⅴ章3.4節、4.1節）。

《本》　有限数学では無限数列はただ限りなくつづく。「再帰的論理の再帰回数を無限回（値）とする」との規定を有限数学に原理として加えると、無限数列を構成する再帰的論理が完遂して確定値となる極限の値が得られる

（第Ⅱ章1節）。

1847年

ヘルムホルツにより、運動、熱、電気、磁気、化学反応のエネルギーが互換的でその和が保存されるとのエネルギー保存則が提唱された。

1850年

クラウジウスにより熱力学の第1法則、第2法則が発表された。第1法則は、1824年に発表されたカルノーサイクルによるもので、与えられた熱エネルギーは仕事量と失われた熱エネルギーの和となるとの「エネルギー保存の法則」であり、第2法則は「熱量は自然に低温側から高温側には移らない」との法則で、後に定義したエントロピーの概念により「エントロピー増大の法則」といわれている（第Ⅳ章3．2節）。

1853年

ハミルトンにより時間軸と3次元空間軸の直交性を数学的に理論づける『四元数の講義』が著された。しかしその後、多次元が扱える「ベクトル解析」が考案されて、四元数の理論に関する関心は薄れていった。

《本》 四元数の理論は私たちのもつ時間と3次元空間概念の原理とみなせる重要な理論である（第Ⅲ章4節）。

1860年

マクスウェルにより「マクスウェル分布」として知られる熱運動する気体分子の速度の確率分布が求められた。後にマクスウェルは「気体分子の速度を選別する魔物によると、等温の気体を温度差のある気体に二分することができる」との「マクスウェルの魔物」を語った。

1924年、シラードにより、マクスウェルの魔物によっても魔物の仕事を考慮するとエントロピーは減少しないとの理論が発表された。

《本》 マクスウェルの理論に肯定的な前提によってマクスウェルの魔物に対する理論づけをおこなうと、マクスウェルの魔物は否定される（詳説篇第

Ⅳ章3.2節)。

## 1862年
デーデキントによるディリクレの講義録とその解説『整数論講義』が刊行された。その中で無限集合である「整数体」が「環」をなすとの「イデアル論」が発表された。

## 1864年
一定速度の電磁波を予言したマクスウェルの方程式が発表された(詳説篇第Ⅳ章4.1節)。

## 1869年
メンデレーフにより、原子を原子量の順に並べると原子の化学的性質が周期的に変化することが発見され、原子の周期律表が発表された。この性質は1911年に提唱された原子模型によると、原子の最外殻電子と関連付けて説明されることになる。

## 1872年
実数直線をある値で切断して、数直線上の実数を上組と下組に分けて実数を理論づけるデーデキントの実数論『連続性と無理数』が発行された(詳説篇第Ⅴ章3.3節)。

《本》 数直線とは再帰的論理により限りなく実数値を割り当て可能な線分である(詳説篇第Ⅱ章2.5節)。

## 1872年
カントールによる非可算無限の実数論『三角級数の理論から得られる原理の拡張について』が発表された。特殊な三角関数で表された数列の構造が点集合の集合となることを論じており、これにより多次元の基本列である実数が導かれた。

《本》 本数学によると、数列の構成は順序だててなされるため、数列は必ず順序づけられる(第Ⅰ章3.1節)。

1873年

自然対数の底 $e$ が超越数（代数方程式の解とはならない数）であることが発見された。

1874年

カントールにより、代数的数（代数方程式の根となる数）の順序づけの方法と超越数を含む実数全体が順序づけられないことを証明したいわゆる「区間縮小法」が発表された（詳説篇第V章4．2．2節）

1887年

デーデキントによる基礎的な集合論『数とは何か、何であるべきか』が刊行された。その中で、「部分と全体が対応付け可能な集合」として無限集合が規定され、有限集合は「その他の集合」として規定された（詳説篇第V章第4節．1）。

1891年

異なる無限基数の存在を証明したとされる「カントールの対角線論法」が発表された（詳説篇第V章4．2．3節）。

1895/7年

カントールの理論をまとめた『超限集合論の基礎に対する寄与』が刊行された。その冒頭部でカントールは理論の対象となる集合について、

「集合」とは、我々の直観または思惟の対象として確定されていて他のものとよく区別できる（複数の）ものを1個の全体に一括したものである。

と広く規定した（詳説篇第V章4．1節）。これがパラドックスを生みだす原因となった。

1899年

ユークリッドの公理系を見直したとされるヒルベルトによる『幾何学基礎論（初版）』が発表された。

1900年ごろ

ヒルベルトにより「数学にも幾何学と同様の公理的な方法が適用できる」との「公理論」が提唱された（詳説篇章第Ⅴ章2節）。

## 1900年

パリ万博に合わせた国際会議で、ヒルベルトは当時未解決の23の数学上の問題を論じた『数学の問題』と題した講演を行った。

その中から三つの問題を選びその内容、集合論にもとづいた決着、本書による解釈を説明しよう。

 問題1：カントールの連続体の濃度に関する問題

 非可算無限の証明によると、可算無限の基数を$\omega$とすると連続体である非可算の実数全体の濃度は$2^\omega$すなわち$\omega^\omega$とされている。この証明からは、可算無限と非可算無限の連続体との間に中間濃度の連続体があるか否かはわからない。連続体が可算無限の濃度のすぐ次の濃度ということが証明できれば、両者に新しい橋をかけることになる。

《集》1963年、上の連続体仮説および選択公理は集合論の公理系から証明できないということがコーエンによって証明された。

《本》上の理論は本数学の理論域外である。

 問題2：算術の公理の無矛盾性

 公理系を設定しようとする時、最も重大な問題はそれらが互いに無矛盾であること、すなわちその公理系から有限回の理論的推論によって互いに矛盾するような結果が導かれることがけっしてないことを証明することである。

《集》 ゲーデルによりこのことが証明できないことが証明された（詳説篇第Ⅴ章4．6．2節）。

《本》 数値と演算は整合的に成立するゆえに無矛盾である。伝統的な数学の無矛盾性は無矛盾の理論の選択結果としてもたらされる（第Ⅰ章3．2～3．3節）。

理論の歴史年表（集合論および本書による解釈つき）

　　　　問題6：物理学の公理の数学的取り扱い
　　　　　数学が重要な役割を果たしているようないくつかの物理学的な原理を公理的に扱うこと：それらはまず確率論と力学である。
《集》　確率論はコルモゴロフにより集合論による基礎づけがなされた（詳説篇第IV章第3節．1）。力学は当時に比べて大きい進展は見られない。
《本》　ニュートン力学、確率論など多くの理論は本数学の原理に新たな前提を原理として付加した本数学を拡張した理論とみなすことができる（第IV章1〜5節）。

## 1902年

ラッセルにより「ラッセルのパラドックス」が発見された。このパラドックスが契機となり、集合論の是非を問う数学基礎論論争が生起した。

《本》　有限値の理論に限ると、有限値の数集合はすべてR集合（ラッセル集合）とみなすことができて非R集合は定義できないため、このような矛盾は生じない（詳説篇第V章4．3節）。

## 1905年

アインシュタインにより、光速一定との光の性質にもとづいて、ニュートンが用いた数学的時空間とは異なる時空間を理論づけたいわゆる「相対性理論」が発表された。

《本》相対性理論の提唱する時空間は経験と一致する数学的時空間概念とは異なる。相対性理論の時空間は数学的時空間概念をベースとしてこれに光速の影響による変位を追加した本数学を拡張した新たな「物理的時空間」である（第IV章4節）。

## 1911年

ラザフォードにより原子核の周りに電子が周回するとの原子模型が提唱された。1913年ボーアはこれに関連して、電子は特定の軌道しかとらないとの原子構造論を発表した。

261

1926 年

 シュレディンガーにより質量をもつ物質は粒子と波動の二面性をもつとの見方にもとづいた波動方程式が提唱された。翌年ハイゼンベルクは電子の位置と運動量を測定する場合両者の測定誤差の積はプランク定数を下回らないとの「不確定性原理」を提唱した。

1931 年

 今日の代表的な公理的集合論「ZF系公理的集合論」がフレンケル、ツェルメロ、ノイマンらにより完成した（詳説篇第Ⅴ章4．4節）。

1931 年

 ゲーデルにより集合論に含まれる整数論の不完全さを証明する「不完全性定理」が発表された。

《本》 ゲーデルは整数論を理論構成のツールと考えた。しかし、本数学の理論域にはパラドックスはありえないため、ゲーデルの理論において構成された数値を「パラドックス」と解釈するのは集合論の理論であり本数学の理論ではない（詳説篇第Ⅴ章4．3節）。

1936 年

 チューリングにより「計算可能性理論」が提唱された。チューリングマシンは与えられたアルゴリズムにしたがって自動的に計算を実行するが、計算が再帰的にいつまでもつづく時、その計算の完遂は不可能と判定される（詳説篇第Ⅴ章5節）。

《本》 時空間概念を理論域には含まない純理論的な本数学によると再帰的論理は完遂する（第Ⅱ章1節）。

# 用語解説（集合論および本書による解釈つき）

伝統的数学にもとづくものは《伝》、集合論にもとづくものは《集》、本書にもとづくものは《本》と記して区別した。

## ア行

悪循環（vicious circle）循環論法（circular reasoning）。論証すべき事柄を論証の根拠とする論点先取の虚偽の一種。→公理、原理

　《本》数学理論は整合性のみで全体がつながっており、因果関係は必要としない考え得る。ゆえに $1+1=2$ を出発点として数値と演算を理論づけることは悪循環には当たらない。

依存の理論　《本》数学に整合しない数値の理論を否定した数学理論。

一意的に（uniquely）ただ一通りに。

演繹（deduction）　原理とみなした理論・概念を用いて個別的理論・事象を解釈すること。

## カ行

科学（science）　17世紀頃興った理論であって、観察や実験などの方法から推測される結果を言葉、数式、論理推論規則などで記述する理論。

　《本》対象を説明するために本数学に新たな前提となる選ばれた用語を加えて本数学を拡張した理論。科学理論は理論のネットワークにより共通了解性が生まれる。

カテゴリー論（category）　古代ギリシャからつづく対象の非数値的分類を原理とした理論。

　《本》本数学の原理である数値と演算は言葉で書かれたカテゴリーとは独立

的である。

可算無限（countable infinite）《集》整数・自然数全体の集合およびそれと同等の無限基数をもつ集合。

可能的無限（possible infinity）　無限を「可能態」とカテゴリー分けしたアリストテレスにちなんだ無限論の呼称。

《本》再帰的論理、無限数列の限りなくつづく性質から想起される無限概念。有限値の性質である。

幾何学（geometry）　ユークリッド『原論』に代表される図形の理論。

帰還の理論　《本》数学に整合する理論を2重否定した数学理論。

記数法（numeration system）　いくつかの整数値を表わす数字を定め、それらを組み合わせて任意の数値を表わす方法。今日では10種類の数字0、1、2、・・・、9を用いて数値が10増加するごとに位取りが上がる10進法が広く普及している。

《本》記数法は数学の原理ではない。

帰納（induction）　理論の対象から一般的法則を導き出すこと。

《本》数学的推理は帰納的や演繹的であっても、数学理論はただ整合性でつながっており帰納と演繹の区別は不要。また、本数学を拡張した科学理論は理論の作り手による理論の対象への当てはめ、演繹である。

極限演算型　《本》無限数列どうしの演算を、その無限数列の極限の値を用いて四則演算の形で表したもの。たとえば、$0／0$、$∞／∞$、$∞+a$。確定した極限の値の解が得られることもある。→極限の値

極限値（limit value）　収束する無限数列（コーシー列）が到達するとみなされる値。有限数学における極限値は確定値とはみなしがたい。

《集》極限値は非可算無限の実数であるため、1列の無限数列では表せない。

極限の値　《本》無限数学において無限長の無限数列が到達する確定値。コーシー列が到達する確定した有限値（従来の極限値に相当する）と、上限の定

まらない単調増加数列が到達する無限（大）値、∞がある。
虚数（imaginary number）　2乗すると負となる数。$i=\sqrt{-1}$ を虚数単位という。
現実的無限　無限集合の別名。
原理（principle）　それ自体は他に依存せず、他のものがそれに由来するような第1のもの、始まり。
　《本》数値と演算はこの原理の条件に適っている。数値と演算に整合する理論的思考方法はさらに数学および科学理論の原理となっている。
コーシー列（Cauchy sequence）　確定する有限値の極限値をもつ無限数列。無限小数列もコーシー列であり基本列ともいう。
公理（axiom）　証明不可能であるとともに、また証明を必要とせず直接に自明の真として承認され他の命題の前提となる基本命題。一般に通じる道理。理論の前提であって、それ以上さかのぼって理論づけられない理論・概念（広辞苑）。
　《本》今日「公理」との語は一般的に「公理論」の文脈で用いられているため、本書では一般的な使用を避けた。
公理論（axiomatic method）　《集》ヒルベルトが提唱した「数学の原理は無前提の仮定の集まりである公理系から成る。無矛盾の理論さえ構成できれば、その仮定は公理となり得る」との理論。
公理的集合論（axiomatic set theory）《集》「公理論」にもとづいた原理をもつ集合論。
言葉（language, word）　ある意味を表すために、口でいったり字に書いたりするもの（広辞苑）。言葉は通常一つの社会で恣意的に成立するため、時代・地域によっても異なってくる。

## サ行

再帰的論理（recursion、recursive logic）　循環構造をとる論理・理論。無限数列、

無限概念を生み出す。

《本》この帰結に関する定めが無限論である。

再帰理論（recursive theory）《集》再帰的論理で関数を構成して非可算無限に至るとする理論。「帰納的関数の理論」ともいう。

座標（coordinates）線形と想定した直線上に原点を定め、直線上の位置を原点からの距離で表す方法。原点に直交する直線を加えることで、平面、空間における位置を定めることができる。

《本》座標によると本数学の理論域を幾何学・図形に拡張できる。

算術（arithmetic）　記数法・四則演算・分数・比例等を取り扱う初等数学（広辞苑）。

時間（time）《本》出来事の一連の記憶や記録の流れから生じた過去から未来へとつづく概念。これに1本の直線を当てはめると時間軸となる。直線の線形性は数学上で定まるため、時計や光の性質が数学上の線形性をもつことは証明できない。

時空間（time and space）　出来事の場を時間と空間とみなした概念。→数学的時空間

四元数（quaternions）　$i^2 = j^2 = k^2 = ijk = -1$ との関係で結ばれた三つの虚数（ベクトル）と一つの実数（スカラー）。実数とおなじく整合的な演算関係を構成して、人のもつ時空間概念と一致する。

自然数（natural number）　個数・順序に対応した数、1、2、3、・・・。

四則演算（basic operations）　2数値間の＋－×／の4種の演算。

《本》数値の四則演算と数の大小関係は原理にもとづく理論である。

集合（set）　同類の数え得る概念を一つの全体にまとめたもの。

《集》集合の対象は数とは限らないが、パラドックスが生じないとの制限がある。

《本》本数学で定義可能な集合は有限値の数の集合である。

集合論（set theory）《集》有限、無限集合を原理に含む数学・論理学。今日で

は「公理的集合論」となっている。

小数（decimal fraction／representation）　1未満の数値を位取り記数法で表したもの。

証明（proof）　ある数学理論から他の数学理論（定理という）に至る推理の道筋を示したもの。

実数（real number）　《伝》整数、自然数の値の間を埋めることのできる数値をもつ数。

　《集》非可算無限集合である実数体の要素。

　《本》無限数学で得られる連続的な数値。

実数直線（real line）　→数直線

実無限（actual infinite）　理論または概念として一定の大きさとみなせる無限。

循環小数（recurring decimal）　分数を小数表記すると生じる一定長さで一定順序の小数列が限りなく繰り返される小数列。

順序数（ordinal number）　《集》超限集合の要素となる数。

推論規則（rule of inference）　理論の構成する方法の要素。AとBとの関係はA＝BかA≠Bかのどちらかであるなど。

　《本》推論規則は算術と整合的な数学的推理法が起源であるとも考え得る。

数（number）　《集》整数体、実数体などの要素。

　《本》本数学で得られる数値。整数、分数などに分類できる。

数学（mathematics）　《集》無限集合を原理とする理論。公理論の構造をもつ公理的集合論による理論。《本》→本数学

数学基礎論（foundation of mathematics）　《集》集合論にもとづき集合論の基礎を論じる理論。

数学的時空間（mathematical time and space）　《伝》《本》幾何学の3次元空間および四元数の実数軸と3本の虚数軸は人の持つ時空概念と整合する。ゆえにこれを「数学的時空間」と名付ける。数学的時空間はニュートンら

が用いたが、非ユークリッド幾何学などの影響で影が薄くなった。

数学的推理法（mathematical reasoning）《本》数値と演算にもとづいて整合的な数学理論を構成する推理法。

数体（number field）《集》整数、実数などの数全体の集合。
　《本》演算により次々と演算可能な数が得られることから仮想される数全体の集合概念。

数値（numerical value）　順序、個数、大きさ（長さ、かさ、重さなど）の量的概念。単位（番、個、m、kgなど）をつけると具体的な量が表わされる。
　《本》数値はものの量に共通する概念であるため、数値は分類されたものの名称である「言葉」には影響されない。

数直線（number line）《集》直線にその位置に対応してすべての実数が存在するとの無限集合を当てはめた直線概念。
　《本》数直線上に実数は存在せず、直線の長さで実数値が定まる。

整合的（consistent）理論の内容に矛盾がないさま。
　《本》数学理論どうしを結ぶ関係。科学理論どうしは「科学的整合性」で結ばれる。

整数 (integer)　《伝》《本》ものの個数、順序を表わす数値、1、2、3、・・・に0と負数を加えた数。
　《集》「環（ring）」の構造をなす「整数体」の要素。

線形性（linearity）直線に曲がりがなく、長さと数値が対応する数直線の性質。
　《本》線形性を想定すると無矛盾の理論が得られるゆえに座標軸は線形であると考え得る。

先験的（a priori, transzendential）　カントが提唱した理論。人の認識能力は経験から得られるものと得られないものがある。後者を純粋理性といい先天的に人に備わる能力である。数学、論理学の原理は純粋理性に属する。
　《本》数値と言葉の学習法に特に違いはない。しかし、数値は言葉による物

の分類を超えてものに共通する量的な性質を表わすため、人々に共通的な理論となる。

## タ行

単調増加数列（monotone increasing sequence）　長くなるにつれてその値が増加する数列。n番目の項の値にくらべてn＋1番目の項の値が同じか大きい。

代数的数（algebraic number）　→超越数

代数方程式（algebraic equation）　→超越数

超越数（transcendential number）　有理数を係数にもつ代数方程式、

$$a_n x^n + a_{n-1} x^{n-1} \ldots + a_1 x + a_0 = 0$$

の解となる数（有理数、無理数、複素数がある）の複素数を除いて「代数的数」といい、解とはなり得ない無理数のことを「超越数」という。超越数の値は固有の数式で表わされる。19世紀には、円周率πや自然対数の底eなどが超越数であることが知られた。

直接の理論　《本》否定形を含まない数学理論

定義（definition）　理論の方法の一つ。一定範囲の対象（類）に名称、記号などを当てること。

　《本》定義の対象が定まっている数学の定義は確定的である（本書ではこの場合に限って「定義」との語を用いた。）。

伝統的な数学　《本》有限数学を主体とする古くからある数学。「理論域」の概念があいまいだったため、有限数学外部の理論が一部含まれた。

## ハ行

背理法（reductio ad absurdum）　Aを証明するために非Aを仮定して矛盾を導き出して、それゆえにAは正しいとする証明法。

パラドックス（paradox）　逆説。外見上、同時に真でありかつ偽である

命題（広辞苑）。
　　　《本》言葉・理論で定めた非数値の集合について、元の集合の成り立ちを考慮せずに理論を適用することで生ずる矛盾。
比較の理論　《本》二つの数学理論の数値、値域の大小を比較する数学理論。
非可算無限（uncountable infinite）　《集》1列の無限小数列では表せない実数全体の集合。さらにそれと同等の無限基数をもつ集合。
複素数（complex number）　実の数を $a$、$b$、虚数を $i$ とすると、$a+bi$ と表された数。
分数（fraction）　$a$、$b$ を整数として $a$ を $b$ で除した値を $a／b$ と表したもの。$a$ を分母、$b$ を分子という。分母が分子より小さい分数を真分数、そうではない分数を仮分数、分母と分子の間に公約数をもたない分数を既約分数という。
平行線（parallel lines）　同一平面上にありどこまでも交わらない2本の直線。
　　　《本》正方形、長方形の対向する辺どうしの関係。
ベキ集合（power set）　ある集合に対して、（空を含む）その集合の要素のすべての組み合わせから成る集合。元の集合の要素の数を $n$ とすると $2^n$ 個となる。たとえば集合 $\{0,1\}$ のベキ集合は $\{\}$、$\{0\}$、$\{1\}$、$\{0,1\}$ の4つである。
本数学　《本》私たちの習得した数学的推理により成立する理論で、有限数学、無限数学、図形、座標、時空間、科学理論へ拡張される。伝統的数学では有限数学の無限数学への拡張に問題があった。

## マ行

無限（infinite）　限界のないこと。有限性の否定（広辞苑）。
　　《集》無限集合。
　　《本》無限値。再帰的論理の再帰回数。
無限集合（infinite set）　《集》自然数全体や実数全体に対応する集合。

《本》無限集合の要素の関係は無限数学によっても理論づけられない。

無限小（infinitesimal）　《集》どのような正の値より小さい 0 ではない正の値。
　《本》有限の値 $n$ の上限値は定まらないため、$1/n$ の下限値も定まらない。このような無限小の定義は矛盾的で有限値の性質にすぎない。

無限数列（infinite sequence）　再帰的論理や演算により定義される限りなくつづく数列。

無限大（infinity）　《伝》《集》どのような有限の値よりも大きい値。∞ と表示される。
　《本》従来の無限大の定義は数値の定義として矛盾的で、有限値の性質にすぎない。

無限値　《本》「再帰的論理の再帰回数」として定義される無限大の確定した値、$\underline{\infty}$。単調増加で上限値を制限できない無限数列が無限長となることで到達する値。

無限数学　《本》有限数学に無限値の規定を原理として加えた数学。

矛盾　理論のつながりが不整合な状態。

無理数（irrational number）　$\sqrt{2}$ など分数でも小数でも表し切れない値。
　《本》有理数・無理数の区別は有限数学内部で有効な理論である。無限数学ではこの区別は無効となり、無理数の値は無限小数列と同様に無限分数列の極限の値として表わすことができる。


## ヤ行

ユークリッド幾何学　ユークリッド『原論』に記述された定規とコンパスで作図可能な図形に関する数学

有限値　《本》有限数学で得られる数値。

有限数学　《本》有限の数値と演算から数学的推理法により得られる数値の関係についての一系の整合的な理論。伝統的な数学の母体となっている共通的

な理論。その原理に新たに原理を追加すれば、その理論域を無限数学、図形数学、科学理論などに拡張可能。

有理数（rational number）　無理数ではない数。分数と整数。→無理数

## ラ行

量（quantity）　個数、長さ、大きさなどの数値で表せるもの。1が単位となる。

理論（theory）　普遍性をもつ体系的知識（広辞苑）。

理論域　《本》原理のみにもとづいて構成可能な理論の領域。

論点先取（の虚偽）（assumptio non probata）　証明を必要とする命題を前提とする虚偽。循環論法、先決問題要求の虚偽などはこれに属する（広辞苑）。《本》整合性だけでつながり得る数学の理論では、先取とみなされた論点は整合的な理論の一部となるため論点先取の形は問題とはならない。

論理（logic）　一般的に思考の形式・法則を意味するが、言葉の理論である論理学も意味する。

論理推論規則　論理、推論を構成する要素規則

《本》数値と演算、数学の推理と整合的であり、数学と一体的に成立したとも考えられる。

# 文献リスト

(末尾の [ ] 内はその文献が記載された本のタイトルを示す。)

Ackermann, W. (1928) On Hilbert's Construction of the Real Number [From Frege to Gödel 495-507 ]

アインシュタイン , A. (1918) 内山龍雄 (Tr.・解説 ) (1988) 相対性原理　岩波文庫

アリストテレス (BC350 ごろ ) 出隆・岩崎允胤 (Tr.) (1968) 自然学 [ アリストテレス全集　第 3 巻　岩波書店 ]

ボホナー , S. (1988) 渡辺博 (Tr.) 無限 [ 無限と超越　平凡社 8-70 ]

Boyer, C. B. (1991) A History of Mathematics　2nd edition　John Wiley & Sons, Inc. New York

カント , I. (1787) 柴田英雄 (Tr.) (1961) 純粋理性批判　岩波文庫

Cantor, G. (1874) Ewald, W.B. (Tr.) On a Property of the Set of Real Algebraic Numbers [ From Kant to Hilbert 839-843 ]

Cantor, G. (1883) Ewald, W.B. (Tr.) (1996) Foundation of a General Theory of Manifolds: A Mathematico-Philosophical Investigation into the Theory of the Infinite [ From Kant to Hilbert 878-920 ]

カントール , G. (1891) 村田全 (Tr.) (1996) 集合論の一つの基本的問題について [ カントル　超限集合論　共立出版社 116-120 ]

カントール , G. (1895/7) 功力金二郎 (Tr.) (1996) 超限集合論の基礎に対する寄与 [ カントル　超限集合論　共立出版社 1-115 ]

Clapham・Nicolson (2005) Oxford Concise Dictionary of Mathematics Third Edition Oxford　Univ. Press

Crowe, M. J. (1994) A History of Vector Analysis

デーデキント，R. (1872) 河野伊三郎 (Tr.) (1962) 連続性と無理数　[ 数について　岩波文庫 7-37 ]

デーデキント，R. (1887) 河野伊三郎 (Tr.) (1962) 数とは何か、何であるべきか　[ 数について　岩波文庫 39-140 ]

デカルト，R. (1637) 三宅徳嘉ら (Tr.) (1973) 方法序説と三つの試論　[ デカルト著作集　I　白水社 ]

ユークリッド (BC300 ごろ ) (Tr. 解説 ) 中村幸四郎ら (2011) ユークリッド原論　追補版　共立出版

Ewald, W. B. (Ed.) (1996) From Kant to Hilbert　A Source Book in the Foundation of Mathematics　Oxford University Press UK

Ferreirós, J. (2007) Labyrinth of Thought　A History of Set Theory and Its Role in Modern Mathematics　Second revised edition　Birkhauser Verlag AG, Basel, Switzerland

ガリレイ，G (1638) 今田武雄、日田節次 (Tr.) (1937) 新科学対話　岩波書店

van Heijenoort, J. (Ed.) (1999) From Frege to Gödel　iUnivers.com Inc. Lincoln, NE

ゲーデル，K. (1931) 林晋・八杉満利子 (Tr.・解説 ) (2006) ゲーデル　不完全性定理　岩波文庫

Hamilton, W. (1853) Lectures on Quaternions　Nabu Public Domain Reprints

ヒルベルト，D. (1900) 一松信 (Tr.・解説 ) (1972) 数学の問題　共立出版

ヒルベルト，D. (1900) 寺坂英孝、大西正男 (Tr.) (1970) 数概念について [ 幾何学の基礎　共立出版　203-7 ]

Hilbert, D. (1918) Ewald, W. B. (Tr.) Axiomatic Thought [ From Kant to Hilbert 1105-1115 ]

Hilbert, D. (1925) On the Infinite (Tr) Mengelberg S. B. [From Frege to Gödel 367-392 ]

ヒルベルト , D. (1927) 寺坂英孝、大西正男 (Tr.) (1970) 数学の基礎 [ 幾何学の基礎　共立出版　243-62 ]

ヒルベルト , D. (1930) 寺坂英孝、大西正男 (Tr.) (1970) 幾何学の基礎 [ 幾何学の基礎　共立出版　3-111 ]

Kanamori, A. (2012) The Mathematical Infinite as a Matter of Method [ Annals of the Japan Association for Philosophy of Science Vol. 20　科学基礎論学会　東京 ]

Newton, A. (1687) (Tr.) Motte A. (1848) The Principia　Prometheus Books N.Y. 1955

パスカル , B. (1665) 原亨吉ら (Tr.) (1959) 物理論文集、数学論文集　[ パスカル全集　第一巻　人文書院 ]

ムーア , A. W. (2001) 石村多門 (tr.) (2012) 無限　講談社学術文庫

Poincaré, H. (1902) Greenstreet, W. J. (Tr.) (1905) Science and Hypothesis Cosimo, Inc. New York (2007)

(同上邦訳) ポアンカレ , H. (1902) 河野伊三郎 (Tr.) (1959) 科学と仮説　岩波文庫　岩波書店

ポアンカレ , H. (1908) 吉田洋一 (Tr.) (1953) 科学と方法　岩波文庫　岩波書店

足立恒雄 (2000) 無限のパラドックス　講談社ブルーバックス　講談社

大槻義彦・大場一郎 (Ed.) (2009) 新物理学事典　講談社ブルーバックス　講談社

小林道夫 (1988)　科学哲学　産業図書

小山慶太 (2003) 科学史年表　中央新書　中央公論新社

高木貞治 (1961) 解析概論　改訂第 3 版　岩波書店

竹内外史 (2001) 集合とはなにか　講談社ブルーバックス　講談社

竹田青嗣・西研（編）(1998) はじめての哲学史　有斐閣アルマ

田中一之・鈴木登志雄 (2005) 数学のロジックと集合論　培風館

津田丈夫 (1985) 不可能の証明　共立出版

辻義行 (2014) 算術、数学、そして理論はなぜ〈正しい〉のか　図書新聞

寺坂英孝 (Ed.) (2007) 現代数学小辞典　講談社ブルーバックス　講談社

西内啓 (2013) 統計学が最強の学問である　ダイヤモンド社

日本数学会編 (1954) 岩波数学辞典　第二版　岩波書店

野矢茂樹 (1998) 無限論の教室　講談社現代新書

野家啓一 (2004) 科学の哲学　日本放送出版協会

廣松毅 (2014) 統計的リスク管理　情報セキュリティ大学院大学・講義資料

藤原正彦 (2008) 天才の栄光と挫折　文春文庫

堀源一郎 (2007) ハミルトンと四元数　海鳴社

# 索　引

**ア行**

アインシュタイン　15, 57, 59, 185, 187, 192, 193, 261, 273

悪循環　25, 26, 36, 44, 82, 83, 134, 167, 190, 263

アリストテレス　13, 29, 53, 71, 83, 163, 202-204, 215-217, 251, 253, 264, 273

アルキメデス　33, 106, 221, 252

1対1対応　13, 74, 102, 225

一般相対性理論　59, 192, 193

因果関係、因果律　26, 32, 83, 104, 180, 183, 263

引力　53, 59, 164, 165, 168-170

ウィトゲンシュタイン　128

宇宙　14, 33, 54, 59, 60, 166, 169, 170, 181, 184, 189-193, 196, 197, 202, 215, 255, 256

運動　14, 35, 49, 53, 55, 57, 109, 146, 150, 153, 154, 157, 163-172, 179, 181, 185, 186, 194, 202, 216, 251, 253-257, 262

エネルギー　58, 162, 179, 180, 181, 184, 187-189, 191, 192, 196, 257

算術　23, 24, 25, 28, 30, 31, 79, 80, 82, 84, 87, 89-91, 95, 96, 97, 99, 100, 109, 125, 132, 254, 260, 266, 267

演繹　95, 161, 174, 200, 201, 263, 264

エントロピー　57, 179, 180-182, 257

オッカムのカミソリ　47, 48, 253

**カ行**

化学　194, 205, 257, 258

科学、科学理論　11, 13, 14, 15, 19, 51-53, 55-57, 59-64, 68, 72, 126, 159, 160-163, 166-168, 171, 172, 174, 177-179, 182, 193-196, 198-205, 207, 210-212, 215, 217-219, 225, 253, 263, 265, 268, 270, 271

科学論　61, 200, 203, 218

学習、習得　14-16, 19, 21-24, 36, 43, 50, 67, 71-73, 75-77, 78, 79, 81, 87, 133, 207-210, 212, 214, 217, 244, 248, 255, 268, 270

確率、確率論　53, 55, 56, 57, 170, 172-180, 182, 183, 194, 211, 254, 261

確率事象　55, 175, 177, 179

確率分布、確率変数　55-57, 60, 172-179, 181-183, 257

可算無限　31, 65, 66, 98, 225, 226, 227, 237, 242, 243, 247, 260, 264

カテゴリー　13, 60, 61, 62, 68, 71, 72, 159, 163, 203, 204, 215-217, 251, 263, 264

可能的無限　216, 225, 251, 264
神　28, 33, 60, 64, 98, 196
ガリレイ　13, 53, 126, 163, 166, 202, 219, 225, 253
ガリレイ変換　166, 187, 253
関心、目的　21, 22, 30, 33, 52, 62, 64, 74, 78, 83, 92, 96, 105, 150, 159, 160, 161, 168, 170, 174, 177, 179, 181, 186, 189, 199, 208, 209, 212, 214, 219, 241, 248, 249, 257
関数　46, 47, 104, 131, 135-138, 140-142, 155, 163, 246, 247, 253, 258, 266
慣性、慣性力　59, 192, 193, 254
慣性系　54, 165, 166, 169, 170, 185-187
カント　14, 71, 83, 204, 215, 217, 255, 268
カントール　15, 31, 65-67, 222-226, 228-232, 234, 236-238, 241, 243, 258-260
記数法　23, 24, 25, 28, 35, 41, 79-81, 87, 89, 90, 109, 221, 252, 253, 264, 267
気体　57, 179, 180-182, 194, 205, 256, 257
帰納　161, 200, 201, 213, 240, 247, 264, 266
極限演算型　39, 40, 41, 117-123, 264
極限値　36, 38, 39, 67, 110, 111-118, 127, 130, 221, 222, 230,232, 243, 244, 256, 264, 265
極限の値　39, 40, 41, 42, 116-124, 127, 130, 222, 233, 264, 271
虚数　28, 49, 90, 91, 114, 148-154, 241, 265-267, 270
クーン　201, 203
空間、空間軸　14, 16, 23, 38, 42, 43, 45, 48-51, 53,54, 58-60, 79, 90, 113, 130-134, 136, 137, 140, 145-148, 150, 153-157, 159, 163, 164-171, 185-193, 195-197, 202, 254, 255, 257, 261, 266, 267, 270
区間縮小法　65, 66, 226, 229, 230, 232, 233, 259
計算可能性理論　83, 248, 249, 262
ゲーデル　16, 67, 218, 245, 246, 260, 262
原子　59, 60, 162, 183, 189, 194, 195, 205, 256, 258, 261
現実的無限　265
原点（座標の一）　14,54, 55, 59, 132, 136, 147, 149, 150, 154, 165, 166, 168-170, 185, 188, 191, 202, 222, 242, 255, 266
原論（ユークリッド一）　13,45, 46, 48, 71, 131, 138-141, 144, 145, 147, 215, 218-220, 251, 252, 264
光速　57, 58, 184, 186-189, 192, 193, 196, 197, 261
コーシー　110, 111, 115-118, 120, 122-124, 221, 223, 256, 264, 265
剛体　16, 58, 186, 187, 190, 255
公理　13, 15, 16, 26, 33, 45-48, 66, 68, 71, 72, 77, 83, 91, 92, 94, 106, 131, 139-145, 164, 203, 204, 215, 219, 220, 241-243, 245, 246, 248, 251-253, 259-261, 265,
公理的集合論　125, 140, 218, 220, 221, 241-243, 245, 262, 265, 267
公理論　15, 16, 68, 220, 241, 245, 248, 260, 265, 267

個人　20, 24, 62, 63, 74, 75, 81, 160, 199, 120, 207-212

コンピューター　49, 50, 51, 63, 156, 174, 200, 212, 213, 248, 249

**サ行**

再帰的論理　27, 35, 38, 39, 85, 88, 89, 93, 98, 99, 102, 105, 108, 109, 110, 111, 113-116, 144, 171, 216, 217, 223, 224, 228, 230, 233, 240, 242, 249, 252, 256, 258, 262, 264-266, 270, 271

再帰理論　245-247, 266

座標、座標軸　14, 16, 23, 42-47, 51-55, 59 79, 109, 130-132, 134-138, 140-144, 146, 148-150, 153, 155-157, 163, 165-171, 186-191, 202, 234, 242, 252, 253, 266, 268, 270

座標幾何学　43, 155, 252

算術　23-25, 28, 30, 31, 79, 80, 82, 86, 87, 89-91, 95-97, 99, 100, 109, 125, 132, 254, 260, 266, 267

射影幾何学　143, 144

写像　137

四元数　14, 28, 48-51, 90, 91, 137, 146, 148, 150-157, 185, 188, 197, 257, 266, 267

質量　53, 54, 58, 59, 60, 162, 164, 165, 167-169, 179, 187,188, 191-193, 196, 255, 256, 262

自発的　212-214

宗教　201, 211

集合　15, 42, 66, 67, 77, 94, 95, 104, 112, 124, 125, 137, 179, 199, 205, 221, 224-226, 234, 238-240,242, 243, 245, 248, 258, 259, 261, 264, 266, 268, 270

集合論　15, 16, 19, 31, 36, 65, 66, 67, 71, 72, 80, 83, 106, 112, 114, 125, 132, 199, 214, 217, 218, 220, 221, 224, 237, 238, 240-246, 248, 249, 251, 259-263, 265-267

収束　36, 39, 88, 110, 111, 114, 117, 119, 129, 176, 177, 255, 264

循環小数　102, 115, 122, 233, 237, 249, 267

順序数　227, 242-245, 267

直接の理論　96, 97, 99, 100, 269

小数　28, 35, 41, 65, 66, 80, 89, 90, 101, 102, 105, 109, 10, 114, 115, 118, 121-124, 128, 129, 221, 223, 226, 228, 229, 233, 234, 236, 237, 249, 253, 267, 271

自我、自己　64, 115, 125, 209, 213, 214

時間、時間軸　14, 16, 23, 26, 35, 38, 48-51, 57, 58, 79, 83, 103, 109, 113, 115, 116, 129, 131, 146-148, 155-157, 163-167, 170, 180, 186, 187, 189, 191, 196, 216, 248, 249,254, 257, 266

時空間　14, 16, 42, 48, 50, 51, 58, 59, 60,79, 90, 130, 131, 133, 146, 147, 148, 155-157, 159, 163, 165-167, 170, 171, 185-193, 195, 197, 202, 254, 255, 261, 262, 266, 267, 270

自然数　31, 65, 106, 115, 118, 121, 122,

126, 222, 224-227, 240, 242-244, 252-254, 264-267, 270

実数、実数体、実数論　14, 15, 26, 36, 37, 39, 42, 49, 65, 66, 83, 91, 106, 107, 116, 123-125, 136, 137, 148-155, 220-224, 226, 228-234, 236, 242-245, 252, 253, 256, 258-260, 264, 266, 267, 268, 270

社会　20, 23, 33, 48, 61, 68, 72, 74, 76, 145, 195, 200, 203, 205, 208, 211, 212, 251, 265

循環論法　25, 82, 166, 263, 272

真空　57, 59, 60, 184, 186, 188, 189-192

人工知能　64, 211-214

真理　47, 71, 131, 171, 220

推論規則　94, 95, 101, 220, 241, 245, 267

数→数値と演算、実数、自然数、整数、分数、有理数、無理数

数学基礎論　67, 220, 248, 249, 267

数学基礎論論争　67, 114, 222, 238, 239-241, 261

数学的時空間　14, 16, 53, 58-60, 148, 157, 159, 163, 165-167, 171, 187-189, 191, 195, 197, 202, 254, 255, 261, 166, 267

数学的推理　21, 29, 30, 32, 76-78, 80, 87, 92, 95, 103, 105, 116, 146, 205, 218-220, 241, 244, 264, 267, 268, 270, 271

数体　150, 151, 268

数値と演算　19-23, 25, 27, 28, 32, 36, 44, 47, 61, 67, 68, 71, 72, 75-79, 82, 84, 90, 91, 95, 103, 106, 207, 215, 220,

242, 244, 255, 260, 263, 265, 268, 271, 272

数直線、実数直線　14, 15, 34, 42, 44, 48, 107, 124, 134-137, 146-149, 222, 258, 267, 268

世界　13, 16, 20, 21, 38, 42, 56, 64, 68, 71-74, 76, 80, 90, 98, 157, 160, 210-212, 215, 249

図形、図式　13, 23, 38, 43-47, 51, 52, 79, 113, 129-138, 141, 143, 144, 148, 150, 153, 155, 157, 159, 163, 166, 194, 198, 217, 219, 264, 266, 270, 271

図形数学　23, 44-46, 50, 79, 134, 138, 140-145, 148, 271

正義　20, 68, 208, 212

整数　25, 27, 28, 36, 37, 42, 80, 82, 85-90, 92, 98, 101, 102, 109, 110, 122, 133, 135, 157, 175, 221, 226, 235, 237, 238, 243, 245, 246, 252, 258, 262, 264, 267, 268, 270, 272

絶対的　26, 48, 66, 67, 83, 164-166, 214, 219, 248, 249

ゼノンの難問　35, 36, 108, 109, 113, 115, 216, 217, 251

線形　44, 45, 48, 58, 131, 134, 135, 137, 139, 147, 148, 170, 189-191, 266, 268

先験的　14, 26, 51, 83, 217, 255, 268

創造（一力）　33, 64, 212-214

相対性理論　16, 50, 53, 57-59, 170, 183, 185-189, 191, 193, 202, 261

速度、加速度　12, 16, 53, 54, 57-59, 128,

148, 163-168, 179, 181-187, 189, 191, 192, 216, 254, 257, 258
測定値、測定量、測定データ　53, 161, 162, 170, 172-174, 178, 183, 200
素粒子　59, 60, 194-197,

タ行

対角線論法　65, 66, 226, 229, 233, 234, 236, 237, 247, 249, 259
大数の法則　175
代数的数　225, 229, 230, 259, 269
他者　145, 213
力（ちから）、力学　14, 53, 54, 55, 59, 60, 110, 148, 163-172, 180, 182, 183, 185, 186, 191-197, 202, 205, 219, 254, 255, 261
稠密（ちゅうみつ）性（有理数の一）　33, 91, 106, 123, 124, 222
超越数　66, 124, 229, 230, 233, 259, 269
超限集合　15, 65-67, 224, 226, 227, 241, 242, 246, 248, 249, 259, 267
直角　43-45, 132, 134, 135, 137, 142-144, 154
直線　13-15, 34, 42-47, 130, 131-137, 139-149, 164, 190, 251-253, 266, 268, 270
直交デカルト座標　131, 163, 165, 253
チューリング　248, 262
超限集合　15, 65-67, 224, 226, 227, 241, 242, 246, 248, 249, 259, 267
デカルト　131, 163, 219, 253
デーデキント　14, 15, 222, 225, 258, 259
電気磁気、電磁気　57, 183-186, 195

電磁波　184, 258
伝統的な数学　15, 22, 30, 36, 65, 66, 78, 98, 99, 101, 104, 106, 110, 112, 226, 228, 229, 237, 240-242, 249, 260, 269, 271
統計　56, 63, 174, 177-179, 200, 211, 213
時計　16, 57, 58, 147, 148, 170, 186, 187, 266

ナ行

ニュートン、ニュートン力学　13, 14, 34, 53-55, 59, 109, 110, 148, 163-172, 180, 183, 185, 186, 191-193, 197, 202, 205, 219, 254, 255, 261, 267

ハ行

排中律　93, 94, 99
背理法　31, 96, 98-100, 111, 120, 252, 269
パスカル　176, 219, 254
ハミルトン　14, 49, 51, 150, 151, 156, 185, 257
パラダイム　200-203
パラドックス　16, 66, 67, 205, 238-242, 246, 259, 261, 262, 266, 269
ビッグバン　60, 196, 197
微分積分学　14, 35-37, 110, 117, 119, 171, 221, 254, 256
ヒルベルト　15, 16, 67, 83, 126, 140, 145, 220, 243, 245, 246, 259, 260, 265
非可算無限　31, 65, 66, 132, 226, 227-230, 232-234, 237, 242-247, 256,

258, 260, 264, 266, 267, 270

非ユークリッド幾何学 13, 15, 16, 47, 48, 71, 131, 141, 142, 143-145, 185, 197, 219, 220, 268

ファラデー 184

フッサール 218

不完全性定理 16, 67, 218, 245, 246, 262

複素数 91, 149-152, 230, 269, 270

複素平面 149, 153, 242

物質 59, 181, 183, 188, 189, 192-194, 256, 262

物体 14, 53, 54, 57, 58, 60, 63, 162-168, 170, 172, 185, 191-193, 207, 210, 254, 255

物理 16, 38, 50, 51, 55, 57-60, 113, 148, 156, 163, 164, 168, 170, 172, 174, 179-181, 185-197, 202, 219, 248, 261,

ブラウワー 67, 114, 222, 240

フレーゲ 217

分子（―論） 57, 59, 179, 181, 182, 194, 195, 256, 257

分数 27, 28, 33-35, 41, 73, 75, 77, 80, 86-90, 92, 97, 101, 102, 122, 124, 132, 133, 135, 141, 157, 221, 222, 226, 233, 243, 244, 249, 251-253, 266, 267, 270-272

ヘーゲル 218

平行線 13, 47, 48, 141-145, 190, 252, 253, 270

平面 45-47, 132-5, 136, 137, 139, 140, 142-145, 149, 153, 163, 185, 251, 266, 270

ベキ集合 226, 227, 237, 242, 270,

ポアンカレ 15, 38, 67, 114, 216, 222, 240

ポパー 200, 201

本数学 13, 23, 28, 43, 51, 52, 54, 59, 65-67, 69, 79, 138, 156-160, 163, 165, 166, 171, 175- 180, 191, 193, 195, 197, 204, 206, 210, 211, 219, 220, 222, 226, 227, 229, 233, 238, 239, 242, 244, 245-250, 252, 253, 258, 260-263, 266, 267, 270

本数学を拡張した（―理論） 52, 53, 55, 58, 61, 62, 162, 163, 165, 171, 172, 183, 189, 191, 193, 198-200, 203, 204, 207, 261, 263, 264

マ行

マクスウェル 181, 182, 184, 257, 258

ミンコフスキー空間 187, 191

無 60, 90, 211

無限、無限論、無限概念 13, 27, 48, 98, 114, 126, 129, 144, 145, 171, 216, 217, 238, 241, 248-251, 253, 256, 264, 266

無限遠点 143, 144

無限基数 225, 259, 264, 270

無限回、無限個、∞個 14, 15, 34, 38, 42, 106, 113, 115, 123-125, 128, 175-177, 179, 227, 256

無限集合 15, 36, 42, 65-67, 112, 125, 177-179, 222, 224-227, 234, 236, 237, 241-243, 248, 259, 266-268, 270

無限小 109, 119, 120, 171, 223, 254, 255, 271

無限小数　35, 39, 41, 66, 89, 98, 102, 110, 114, 115, 118, 123, 124, 141, 221, 226, 233, 253, 265, 270, 271
無限数列　35, 36, 39, 40-42, 66, 82, 105, 109-112, 114-118, 120-130, 217, 221-224, 225, 243, 244 255, 256, 264, 265, 271
無限大、∞　36, 38-42, 109-112, 114-117, 231, 243, 244, 254, 271
無限値、∞　23, 38, 39, 42, 79, 113-116, 118-125, 241, 242, 247, 270, 271
無限値の規定　39, 113-116, 124, 125, 271
無限数学　23, 28, 31, 38, 39, 42, 44, 45, 51, 66, 67, 79, 112-114, 116, 119, 121, 123-131, 134-138, 157, 255, 264, 267, 270, 271
無限分数　41, 119, 122-124, 271
矛盾　15, 16, 19, 21, 30, 31, 34, 36, 38, 47, 64, 67, 71, 77, 98-102, 105, 107, 111, 113, 120, 122, 123, 130, 145, 155, 171, 182, 191, 220, 233, 236, 238, 239, 241, 243-245, 260, 261, 265, 268-271
無前提、無定義　8, 26, 46, 83, 135, 139, 140, 248, 265
無理数、無理量　28, 31, 34, 35, 41, 91, 101, 102, 105, 110, 115, 122-124, 135, 141, 199, 221-223, 230, 252, 253, 258, 269, 271, 272
目的→関心

## ヤ行

ユークリッド幾何学　43, 71, 143, 144, 185, 190, 219, 253, 271
ユークリッド『原論』→原論
有限数学　19, 21, 23, 28, 33-38, 43, 66, 67, 76, 78-80, 98, 100-108, 110, 112-116, 125, 126, 141, 214, 224, 227-229, 232-234, 236, 237, 244, 245, 255, 256, 264, 269, 270 271
有限値　23, 31, 36, 38, 39-42, 66, 79, 80, 98-102, 104, 105, 111, 112, 115, 116, 118-127, 141, 157, 217, 227, 232, 243, 245-247, 252, 261, 264-266, 271
有理数　33, 34, 41, 102, 106, 115, 122-124, 225-227, 230, 243, 269, 271, 272

## ラ行

量子　29, 93, 183, 195, 256
理論域　22-24, 30, 31, 36, 44, 52-54, 61, 66-68, 78-80, 83, 89, 94, 95, 98, 99, 122, 124, 126, 131, 134, 140, 158, 163, 166, 181, 182, 199, 202, 238, 239, 248, 255, 260, 262, 266, 269, 271 272
理論値　53, 170, 174
連続性（実数の一）　91, 109, 123, 222, 255, 258
連続体　240, 260
ローレンツ変換　57, 58, 187, 190
論点先取の虚偽　25, 26, 82, 87, 263, 272
論理学　13, 15, 16, 19, 29, 30, 32, 38, 61, 62, 67, 71, 72, 109, 113, 159, 203, 205, 206, 215, 217, 248, 255, 266, 268, 272
論理記号　93, 95, 104

論理推論規則　13, 28, 29, 30, 32, 45, 52,
　　　　61, 63, 72, 77, 92-95, 98, 104, 105,
　　　　116, 138, 139, 159, 204, 205, 217,
　　　　218, 220, 239, 263, 272

**ワ行**
ワイエルシュトラス　110, 111, 115, 221
ワイル　240

辻　義行（つじ・よしゆき）

1945年生まれ。1968年京都大学工学部卒業。2009年まで製造業に携わる。
現在　ベース理論研究所
著書　『算術、数学、そして理論はなぜ〈正しい〉のか』図書新聞
E-mail　yosshy@gf6.so-net.ne.jp

究極の理論で世界を読み解く──数学と科学の誕生と混迷の物語
2015年8月10日　初版第1刷発行

著　者　辻　義行
発行者　井出　彰
発行所　株式会社 図書新聞
　〒101-0051　東京都千代田区神田神保町2-34
　TEL　03（3234）3471　FAX　03（3261）4837
印刷・製本　吉原印刷株式会社

Ⓒ Y.Tuji, 2015　　　　　　　　　　　　　　Printed in Japan
ISBN978-4-88611-463-1 C0041
定価はカバーに表示してあります。
万一落丁乱丁などございましたらお取り替えいたします。